潮州传统风味菜制作技术

吴前强　孙文生　主编

中国轻工业出版社

图书在版编目（CIP）数据

潮州传统风味菜制作技术 / 吴前强，孙文生主编. —北京：中国轻工业出版社，2023.7
ISBN 978-7-5184-4420-5

Ⅰ. ①潮… Ⅱ. ①吴… ②孙… Ⅲ. ①粤菜—菜谱—潮州 Ⅳ. ①TS972.182.653

中国国家版本馆 CIP 数据核字（2023）第 074685 号

责任编辑：贺晓琴　　　责任终审：高惠京　　整体设计：锋尚设计
策划编辑：史祖福　贺晓琴　责任校对：朱燕春　　责任监印：张　可

出版发行：中国轻工业出版社（北京东长安街6号，邮编：100740）
印　　刷：艺堂印刷（天津）有限公司
经　　销：各地新华书店
版　　次：2023年7月第1版第1次印刷
开　　本：889×1194　1/16　印张：9
字　　数：202千字
书　　号：ISBN 978-7-5184-4420-5　定价：98.00元
邮购电话：010-65241695
发行电话：010-85119835　传真：85113293
网　　址：http://www.chlip.com.cn
Email：club@chlip.com.cn
如发现图书残缺请与我社邮购联系调换
221697K1X101ZBW

本书编写委员会

主　　编：吴前强　孙文生

副 主 编：邹　奇　黄武营

参编人员：（按汉语拼音排序）

陈俊生　陈泽标　彭显海　邱少波

苏培明　王鸿鑫　谢炯炯　郑凯华

文字整理：（按汉语拼音排序）

蔡　哲　陈楚杰　陈　颖　胡斯婷

邱晓晴　叶灵波

前言

潮州菜历史悠久，肇始于汉唐，形成于宋，兴于明，盛于清，经过一千多年的不断发展，成为风靡世界的地方美食。潮州菜以保持食物原生态的味道为原则，精于烹制海鲜，菜品制作精细，技法独特、形式巧雅。

2020年10月习近平总书记来潮州市考察，评价“在国际上潮州菜是最好的中华料理”，并勉励大家要传承并发扬好潮州菜。为贯彻落实习近平总书记考察潮州的重要讲话精神和广东省委省政府实施“粤菜师傅”工程的工作部署，由潮州市“粤菜师傅”“广东技工”“南粤家政”三项工程领导小组联合举办“潮州传统风味菜大比拼”活动，于2022年1月19日鸣锣开赛。本着“传承不守旧，创新不忘本”的原则，在本次决赛中脱颖而出的前20道菜品，被收录本书中，并对其中的相关知识、技能训练进行系统化编排，作为书籍的一部分。

本书其余菜品由潮州市多位资深烹饪大师进行制作，包括明炉烧响螺、掌上明珠、鸳鸯膏蟹等传统潮州菜，充分展示了传统潮州菜烹调方式多样，着意追求色香味俱全的特点。其中，还包括多道菜品与“潮州八景”相结合，并且对传统的“潮州八景”菜品进行创新，使得视觉与味蕾在不同层面上得到升华，生动形象地呈现出不一样的潮州风采。

本书采取图文并茂的方式，向大家展示获奖菜品的制作过程，感受对菜品的传承与创新。同时，在撰写的过程中按照“原料”“制作流程”两大模块进行，并且在有关菜品的最后讲述了“菜品典故”或“菜品小知识”，既是对菜品本身具有的原材料、技法、工艺流程和风味特色的学习，也是对其中包含的潮州文化的传承，使得菜品不仅有与其匹配的色、香、味、形，更有为其赋予深刻的潮州文化的底蕴，变成有“灵魂”的菜品。

本书借助菜品来讲述潮州的文化，有助于培养“传承不守旧，创新不忘本”的人才，为传承工匠精神，推动“粤菜师傅”工程和宣传潮州菜注入源源不断的新力量。人才是第一资源，培养一批具有工匠精神、技能精湛，能够讲好潮州故事的师傅，是促进潮州菜充分发展的关键所在。本书秉承传统，锐意创新，在潮州菜的传承与创新方面发挥了一定的引领与辐射作用。

书中菜品操作过程由对应的菜品制作者提供，菜品照片由潮州市厨师协会提供；另外蔡哲、陈楚杰、陈颖、胡斯婷、邱晓晴和叶灵波参与全书的文字整理工作；全书最后由黄武营进行统稿。

目 录

第一章 潮州八景菜

第二章 潮州传统风味菜

第一节 植物类风味菜

第二节 家禽类风味菜

第三节 家畜类风味菜

第四节　水产类风味菜

制作者：黄霖

制作者：黄霖

北阁佛灯（创新）

原料

主料　芦笋120克，胡萝卜80克，水发木耳80克，鲜百合80克，玉米粒80克，松仁80克，香菇80克。

辅料　红辣椒1个，小鹊巢10个（位）。

调料　食用盐3克，味精2克，生粉2克，胡椒粉0.5克，芝麻油1毫升，食用油适量。

制作流程

1. 将红辣椒去籽，芦笋、胡萝卜去皮后切成菱形小丁（0.5厘米×0.5厘米）；将水发木耳、鲜百合洗净切成菱形小丁（0.5厘米×0.5厘米）备用，香菇泡发后切成菱形小丁备用。
2. 将松仁炸至淡金黄色捞出；胡萝卜、芦笋、木耳、鲜百合、玉米粒分别焯水后捞出备用。
3. 热锅倒入冷油烧至150℃时，将小鹊巢炸至酥脆，捞出备用；将胡萝卜、芦笋、木耳、鲜百合、玉米粒、香菇、红辣椒拉油后捞出备用。
4. 炒锅留余油，加入胡萝卜、芦笋、木耳、鲜百合、玉米粒、香菇、红辣椒炒香，再加入松仁、食用盐、味精、水、芝麻油、胡椒粉炒匀，然后用生粉水勾紧芡出锅，炒好后用菜用汤匙均匀地装入小鹊巢，配上北阁佛灯食雕即成。

韩祠橡木（传统）

原料

主料　鸡胸肉500克，鲜虾200克，草菇8片。

辅料　白膘肉80克，鸡蛋清60克，香菇20克，方鱼15克，芹菜15克，熟火腿15克，芥蓝3棵。

调料　食用盐14克，味精4克，胡椒粉2克，湿生粉15毫升，老抽5毫升，食用油适量。

制作流程

1. 将鸡胸肉去皮并剔除筋络，然后剁成鸡蓉；白膘肉也切成小丁备用；鲜虾剔除虾线，用刀拍打成泥备用；熟火腿、香菇、方鱼和芹菜切末备用。
2. 取鸡蓉和白膘肉丁各一半的量，加入味精1克、食用盐7克、胡椒粉0.5克、鸡蛋清30克、老抽、湿生粉5毫升搅拌均匀，将其砌在盘子下方，把草菇片砌在肉蓉上面，放入蒸笼蒸约8分钟取出，滤出原汤备用。
3. 将余下的鸡蓉、白膘肉丁和虾泥进行搅拌，再加入香菇末、方鱼末、鸡蛋清30克、食用盐3克、味精1克、胡椒粉0.5克、湿生粉5毫升搅拌均匀，用手挤成大小均匀的丸子放入另一个盘中，放入蒸笼，蒸约6分钟取出，滤出原汤备用。
4. 将丸子砌在第一个盘子里面形成树干，原汤倒回锅中，用中火加热煮开后，加入湿淀粉勾玻璃芡淋在菜品上面，再撒上芹菜末和火腿末。
5. 起锅加水烧开，加入味精2克、食用盐4克以及少许油，放入芥蓝烫熟后倒出，摆入盘中即成。

韩祠橡木（创新）

主料　去壳小象拔蚌8颗。

辅料　芹菜15克，红辣椒10克，去皮蒜头30克，姜10克。

调料　食用盐6克，味精5克，胡椒粉1克，鱼露5毫升，芝麻油2毫升，湿生粉10毫升。

制作流程

1. 将蒜头、姜各切成蒜头米和姜米，红辣椒、芹菜切成末备用。
2. 将小象拔蚌刮去黏膜，用花刀改横直花纹，将完成花刀的小象拔蚌用食用盐抓匀，漂水洗净，滤干水分备用。
3. 取鱼露、味精、胡椒粉、芝麻油、湿生粉各少许兑成“兑碗芡”备用。
4. 将小象拔蚌放进锅中，过温油后捞起；将蒜头米放入锅中炒至金黄色，放入姜米、红辣椒末、芹菜末、小象拔蚌，倒入“兑碗芡”翻炒均匀，装盘即成。

湘桥春涨（传统）

原料

主料　鸡胸肉200克。

辅料　白膘肉20克，芹菜5克，火腿5克。

调料　食用盐5克，味精3克，生粉7.5克，上汤750毫升。

制作流程

1. 将白膘肉切成丁，芹菜和火腿各切成末。将鸡胸肉剁成泥，加入白膘肉丁、味精、食用盐、生粉打成肉浆。
2. 用肉浆分别做成S形条状和两个肉团，分别在肉团上面放上芹菜末、火腿末，入蒸笼蒸约6分钟取出，放入碗中摆成太极形状。
3. 将上汤加入食用盐、味精和生粉水制成汤羹，装在太极形的碗中形成湘桥春涨的波涛即成。

湘桥春涨（创新）

原料

主料　鲜虾仁400克。

辅料　胡萝卜50克，白膘肉40克，马蹄40克，芹菜末5克，火腿末5克，鸡蛋清30克。

调料　味精3克，食用盐6克，湿生粉10毫升，芝麻油5毫升。

制作流程

1. 将白膘肉、马蹄各切成小丁；鲜虾仁去虾线拍成虾胶后加入白膘肉丁、马蹄丁、鸡蛋清、食用盐4克搅拌均匀打成虾胶备用。
2. 将胡萝卜切薄片，刻成齿形备用。
3. 在平盘上面酿上约1厘米厚的虾胶，将其做成两头尖的船形，在中间插上齿形胡萝卜，头尾放上火腿末、芹菜末。
4. 将做好的船连成一片，入蒸笼，大火蒸约8分钟至熟，滤出原汤，摆盘。
5. 将原汤倒回锅中，小火加热，加入味精、食用盐2克、芝麻油、湿生粉勾芡后淋在船上面，形成湘桥春涨的波涛、搭配亭子食雕即可。

感官特点

造型美观，鲜香嫩滑。

凤凰时雨（传统）

原料

主料　鸡蛋清120克。

辅料　银耳100克，枸杞少许。

调料　白砂糖300克。

制作流程

1. 将银耳用沸水浸泡，然后下锅炖60分钟，取出备用。
2. 将鸡蛋清打成水沫状态，入蒸笼蒸5分钟，取出备用。
3. 将白砂糖加水500毫升煮成糖水，备用。
4. 取一汤碗，将炖好的银耳倒入碗中，把蒸好的蛋白盖在上面，加入煮好的糖水，撒上枸杞点缀即可。

制作者：王鸿鑫

凤凰时雨（创新）

原料

主料　兰州百合300克，熟芋泥150克。

辅料　发好的银耳100克，淡奶油20毫升，黑松露鱼子适量，柠檬1个。

调料　白砂糖100克，草莓粉1克。

制作流程

1. 将银耳加入200毫升清水和50克白砂糖，用小火炖90分钟，取出银耳备用。
2. 将百合去掉头尾，洗净放入盘里，再加入50克白砂糖，放入蒸笼蒸熟。蒸熟后压成泥，然后用密筛过筛（使百合泥的口感比较细腻），再加入淡奶油搅拌均匀，然后搓成长条，切成8份大小均匀的剂子，再用小米槌擀成薄圆形的皮备用。
3. 将熟芋泥和银耳均匀分成8份制成馅料备用。
4. 取一张保鲜膜（制成15厘米大小的正方形），把擀好的百合泥放在保鲜膜上，放上馅料，然后用保鲜膜包起来，放入冰箱冷藏。
5. 将柠檬切片铺在盘子上，将冷藏好的百合泥取出，去掉保鲜膜放在柠檬片上，撒上草莓粉，放上黑松露鱼子装饰即成。

创作思路

凤凰时雨为潮州八景之一，立春来临，桃花盛开，春雨蒙蒙，凤凰赏景，让人陶醉。犹如羞涩少女，与景色相得益彰，造景利用拔丝糖拉丝形成时雨景观，配上食用小桃花（面塑或鲜花）点缀呼应主题，使菜件吻合主题又不显得牵强附会。

制作者：王鸿鑫

龙湫宝塔（传统）

原料

主料　鲜蟹肉350克，鲜虾肉250克。

辅料　白膘肉60克，鸡蛋清30克，马蹄肉60克，韭黄30克，蟹壳6个。

调料　食用盐5克，味精5克，胡椒油10毫升，胡椒粉2克，生粉10克，香醋、喼汁各适量。

制作流程

1. 将蟹壳洗净，用开水烫软后，剪成12个直径为3.5厘米的圆形壳备用。
2. 将白膘肉、韭黄、马蹄肉分别切成细粒；鲜虾肉剁烂，加入味精、食用盐、胡椒粉、蟹肉和鸡蛋清搅拌均匀，分别分成12个直径3厘米、12个直径1.5厘米、12个直径0.8厘米的剂子。
3. 将三种不同的剂子按照从大到小的顺序，由下而上砌在蟹壳上面，用手修出塔状，蘸上薄生粉，放入蒸笼，用中火蒸4分钟取出。
4. 净锅热油，待油温升至160℃时，将虾蟹塔炸至金黄捞出，淋上胡椒油，盛入餐盘即成。上席时跟上香醋、喼汁各两碟。

制作者：陈俊生

龙湫宝塔（创新）

主料 鲜蟹肉250克，鲜虾肉150克。

辅料 白膘肉50克，马蹄肉50克，鸡蛋清30克，韭黄20克，蟹壳6个。

调料 食用盐5克，味精5克，胡椒粉2克，芝麻油15毫升，生粉10克，香醋、喼汁各适量。

制作流程

1. 将蟹壳洗净，用开水烫软后，剪成12个直径为3.5厘米的圆形壳备用。
2. 将白膘肉、韭黄、马蹄肉各切成细粒；胡椒粉和芝麻油搅拌均匀成胡椒油，鲜虾肉剁烂，加入味精、食用盐、胡椒粉、蟹肉和鸡蛋清搅拌均匀，分成12件，砌在蟹壳上面，用手捏成顶部尖下面大的塔状，蘸上薄生粉，用手修成塔状，放入蒸笼，用中火蒸4分钟取出。
3. 净锅热油，等油温升至160℃时，将虾蟹塔炸至金黄捞出，淋上胡椒油，盛入餐盘即成。上席时跟上香醋、喼汁各两碟。

感官特点

此菜色泽淡黄，肉质鲜嫩、酥香、形似塔，故名。

金山古松（传统）

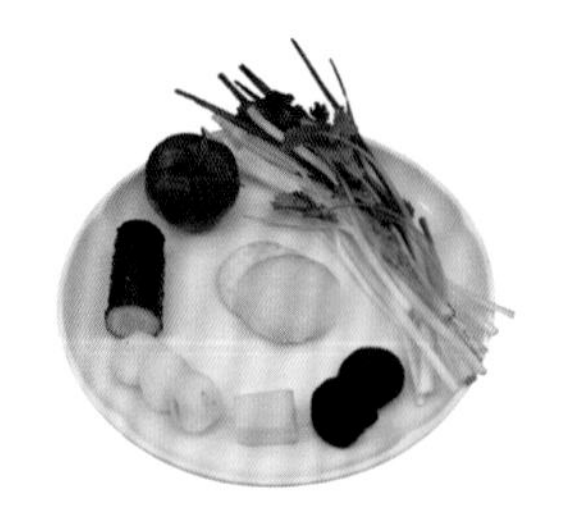

制作流程

1. 将火腿切末，马蹄切末，白膘肉切末，韭黄切末，湿香菇切末备用。
2. 将排骨切块洗净，加入姜、葱、酒、味精、食用盐腌制5~10分钟；咸饼干压成粉，掺入面粉拌匀备用；将腌好的排骨拣去姜、葱，加入鸡蛋液，将每块排骨拌匀，再均匀地裹上饼干粉，入油锅炸熟备用。
3. 将鲜虾去头和壳，洗净改花刀，加入姜、葱、酒、味精、食用盐腌制约5分钟，将面粉和鸡蛋搅拌成面浆，再将腌好的虾均匀地裹上面浆，然后将虾一只只放入油锅，炸熟备用。
4. 将鸡肉片薄，切成方形，加入姜、葱、酒、味精、食用盐、鸡蛋拌匀，再将鸡肉放入盘中，将火腿末、白膘肉末、马蹄末放于鸡肉上，再撒上干面粉，入锅炸熟备用。
5. 将猪瘦肉剁成肉浆，掺入蟹肉、韭黄末、马蹄末、白膘肉末、火腿末、香菇末、味精、食用盐、胡椒粉、鸡蛋清液拌匀，摔打至起胶备用。
6. 取腐皮放于砧板上，将蟹肉馅料置于腐皮上，然后卷成条，再切段，上蒸笼蒸熟，再入油锅炸至金黄色，捞起备用。
7. 取餐盘（圆形）将蟹肉卷摆成松树干，香菇摆成松树形，再将排骨、鸡肉、虾摆于松树下面成山石形状，上汤放入味精、食用盐、川椒粉、葱、湿生粉、芝麻油勾芡制成葱椒糊淋于鸡肉上，用番茄、青瓜、香菜做点缀即成。

主料 排骨400克，鲜虾300克，鸡肉150克，猪瘦肉150克，蟹肉100克。

辅料 白膘肉75克，咸饼干50克，马蹄50克，青瓜50克，番茄50克，湿香菇30克，韭黄20克，火腿10克，鸡蛋4个，腐皮1张，香菜20克，姜10克，葱10克。

调料 味精5克，食用盐5克，面粉25克，生粉10克，胡椒粉2克，川椒粉1克，酒5毫升，上汤100毫升，芝麻油2毫升。

制作者：邱少波

金山古松（创新）

主料　百花紫菜卷150克，五香牛肉150克，卤猪尾150克，卤猪耳150克，卤鹅肝150克，卤猪舌150克，肉饼150克，蛋黄糕100克，蛋白糕100克，卤鹅腱100克。

辅料　青瓜100克，番茄50克，鸡丝50克，香菜20克。

制作流程

1. 将所有物料根据象形需要切成形，取大圆盘将鸡丝垫底。
2. 将切好的物料独样摆入成象形（金山古松）即成。

第二章

潮州传统风味菜

◆ 第一节　植物类风味菜 ◆

韩江花似锦

原料

主料　红豆沙1千克，红心薯500克，紫薯500克，芋头500克，土豆150克。

辅料　珠瓜1条。

调料　白砂糖600克，清水200毫升。

制作流程

1. 将红心薯、紫薯、土豆、芋头洗净去皮。然后将其各雕成花朵备用，珠瓜则雕成树叶。
2. 将红豆沙放在盘中制成树干形状，放一旁备用。
3. 挂锅，上炉，放入清水和白砂糖，制成半糖油（略起泡即可），再放入雕好的花朵熬制约5分钟，捞起，装入彩盘。然后关火放入树叶（熬制花朵、树叶的时候要注意火候），至熟后捞出，装盘即成。

感官特点

造型美观，香甜可口。

制作者：吴前强

玛瑙柿

主料　番茄8粒（约1000克），猪五花肉500克，虾仁150克，猪瘦肉150克。

辅料　素鱼翅100克，水发香菇8个，虾米20克，鸡蛋清30克。

调料　味精4克，食用盐6克，湿生粉10毫升，生粉50克，上汤1升，食用油适量。

注：玛瑙柿，潮州的传统做法中原料一般使用涨发鱼翅，随着人们生活水平和环保意识提高，提倡环保生活，玛瑙柿的原料可用素鱼翅代替。

制作流程

1. 将番茄去蒂，挖掉内含物，保持呈柿形，猪五花肉切片备用。
2. 将猪瘦肉、虾仁剁成蓉，加入味精2克、鸡蛋清、虾米、素鱼翅搅成胶后塞入番茄中，切口处撒上生粉。
3. 将番茄下油锅炸至金黄色，捞起放入另一个锅，盖上猪五花肉、香菇，加入上汤炖20分钟后，去猪五花肉，放入餐盘中，蒂头要朝盘底，将原汁加入食用盐6克、味精2克、湿生粉10毫升勾成琉璃芡后淋上即成。

感官特点

色泽鲜红，鲜香嫩滑。

菜品典故

在20世纪80年代初，潮州厨师胡炳均师傅精心创造了一道经典潮州菜名菜，他选用高档食材跟蔬果搭配，采用酿炖的烹调方法及精细手法，使这道菜营养均衡、造型美观，至今还深受食客的喜爱。

制作者：罗喜亮

制作者：文剑宇

金钱酥柑

原料

主料　潮州柑1千克。

辅料　糖冬瓜片100克，橘饼100克，白膘肉100克，熟白芝麻15克，面粉100克，鸡蛋1个。

调料　白砂糖50克，生粉50克，食用油适量。

制作流程

1. 将潮州柑剥皮，把柑肉一片一片分离，撕掉丝络。焯水，捞起沥干，用刀从外面逐片片开，但不要切断，使之两边相连，展开呈圆形，同时剔去柑核备用。
2. 将白膘肉下开水锅汆泡一下，取出沥去水分，用白砂糖腌渍。
3. 将糖冬瓜片、橘饼、白膘肉切成圆形片。
4. 取出1片柑片，放上糖冬瓜片、橘饼片、白膘肉片各1片，再取出1片柑片盖上，使之呈金钱形状，逐个夹好后裹上生粉，用盘盛装。
5. 将鸡蛋去壳，磕入碗中，加入面粉打匀成蛋面糊，再将金钱柑片逐个蘸上蛋面糊，放进旺火热油的锅中炸熟，取出盛入盘中，撒上白芝麻即成。

感官特点

色泽金黄，香里有甜，风味独特。

菜品小知识

潮州柑是潮汕地区著名水果品种之一，唐初漳州别驾丁儒题咏的诗中有“蜜取花间液，柑藏树上珍”之句，说的就是潮州柑。潮州柑在潮汕地区栽培历史悠久，至今已有1300多年的历史。潮汕地区山清水秀、气候宜人，是南方的水果之乡，一年四季都能在空气中闻到瓜果的清香，而潮州柑在其中更被誉为“柑橘皇后”。明代郭青螺《潮中杂记》中就提及：“潮果以柑为第一品，味甘而淡香，肉肥而少核，皮厚而味美，有二种，皮厚者尤为佳。”而这道“金钱酥柑”便是以潮州柑为主料，因形似钱币故称金钱，别出心裁，体现潮州菜粗料精作的特点。

什锦冬瓜盅

主料　冬瓜半个（约1.5千克）。

辅料　湿鱿鱼丁50克，鸡肉丁50克，蟹肉50克，鸭肫丁50克，猪肚丁50克，生草菇50克，干贝25克，莲子25克，熟火腿末15克，鸡骨架1个。

调料　食用盐7.5克，味精10克，胡椒粉0.5克，上汤400毫升，二汤200毫升，食用油10毫升。

制作流程

1. 将冬瓜修整成冬瓜盅，盅口四周切成锯齿形，挖去瓜瓤、瓜络，用小刀在瓜皮表面刻上花纹图案。
2. 将冬瓜盅洗净，放入开水中，加入食用油浸煮泡熟。取出后用清水漂凉，放入炖盅中。
3. 将鸡骨架焯熟后漂凉，用刀切成小块，放入冬瓜盅内，加入食用盐2.5克、清水适量。
4. 将炖盅放入蒸笼，蒸约1小时取出，去掉鸡骨架和水备用。
5. 将生草菇去头洗净，切丁备用；干贝、莲子分别涨发、清洗备用。
6. 将湿鱿鱼丁、鸡肉丁、莲子、鸭肫丁、草菇丁、蟹肉、猪肚丁、干贝放入炒锅，用二汤泡煮后捞起，放入冬瓜盅内。
7. 在冬瓜盅内灌入400毫升煮沸的上汤，加入食用盐5克、味精10克调味，最后撒上熟火腿末、0.5克胡椒粉即成。

感官特点

夏季佳肴，汤水清淡美味。

清醉厚菇

原料

主料　老鸡500克，湿厚菇200克，猪瘦肉200克。

辅料　鸡朥25克。

调料　食用盐5克，味精5克，花椒1克，上汤400毫升。

制作流程

1. 将老鸡洗净焯水，洗净血水后沥干备用。
2. 将湿厚菇去蒂，用清水浸泡，洗净后放入炖盅。
3. 炖盅中加入老鸡、猪瘦肉、鸡朥、花椒、上汤、食用盐和味精，放入蒸笼蒸约1小时。
4. 去掉猪瘦肉、鸡朥、花椒后调校味道即成。

感官特点

清香鲜滑，美味可口。

焖酿珠瓜

主料　珠瓜600克，猪瘦肉200克，虾肉100克。

辅料　蒜头50克，湿香菇15克，熟方鱼末2克，鸡蛋1个。

调料　食用盐10克，味精5克，胡椒粉1克，芝麻油5毫升，生粉20克，上汤1升，食用油适量。

制作流程

1. 将珠瓜成条切去头尾，挖去子及刮净瓜瓤，洗净后用沸水焯过，漂凉沥干备用；蒜头切去头尾备用。
2. 将猪瘦肉、虾肉用刀切成粒后，剁成蓉；香菇剁成末；与方鱼末、蛋液、生粉一并加入肉末中，拌匀后摔打至起胶做成馅。
3. 将馅酿入珠瓜中，在珠瓜的两头抹上生粉。
4. 热锅后加生油，把蒜头肉炸至金黄捞出；待油温升至180℃左右时将酿好的珠瓜入锅熘炸后捞起，放进已垫好竹篾片的锅中。
5. 随后加入上汤、食用盐、味精和胡椒粉，加盖，先用旺火煲滚5分钟，加入炸制好的蒜头肉后，再用慢火焖30分钟至珠瓜软烩。
6. 捞出后用刀切成段砌在盘里，原汤调校味道，用生粉水勾芡后加入芝麻油推匀，淋上即成。

感官特点

苦瓜软烩入味，色泽淡绿，馅料甘香可口。

寸金白菜

主料　大白菜嫩荚24瓣，鸡肉200克，湿冬菇100克。

辅料　虾肉75克，鸡肫肉50克，白膘肉30克，火腿末25克，鸡蛋清80克。

调料　味精7.5克，食用盐6克，胡椒粉少许，湿生粉30毫升，芝麻油5毫升，上汤750毫升，猪油50克。

制作流程

1. 将大白菜嫩荚用沸水滚熟，过冷水，轻捞起，取用叶茎约10厘米，晾干水分备用。
2. 将鸡肉、鸡肫肉、白膘肉、虾肉、湿冬菇20克全部切成丁，用碗盛起，加入火腿末、食用盐4克、味精5克、鸡蛋清、胡椒粉搅匀成馅料备用。
3. 将大白菜嫩荚放在砧板上，包裹馅料约15克，包起约5厘米长，包口处涂上一点湿生粉，规格要统一，用碟盛起。
4. 起锅下猪油，将菜包下锅，用小火煎至呈浅金黄色。
5. 原锅中加入上汤、食用盐2克、味精2.5克，用小火炆5分钟后，投入冬菇80克，炆至剩少量汤汁，下湿生粉勾芡，加入芝麻油作为尾油。
6. 把菜包摆放在碟中间，冬菇伴边，淋上芡汁即成。

感官特点

此菜皮嫩滑，内馅香味浓郁，造型美观，是高级宴会菜之一。

制作者：苏培明

护国菜

原料

主料　番薯嫩叶500克。

辅料　猪瘦肉100克，干草菇10克，熟火腿末5克。

调料　食用纯碱2克，味精3克，食用盐3克，生粉40克，鱼露10毫升，鸡油30毫升，上汤1升，猪油30克。

制作流程

1. 将番薯嫩叶逐叶撕筋洗净，加入食用纯碱煮0.5分钟（保持薯叶青绿色）捞起，用清水冲洗去碱味，挤干水分，用刀剁碎。
2. 将草菇去蒂清洗干净，加入鸡油、上汤150毫升、食用盐、味精，放上猪瘦肉（先片开，焯熟），入蒸笼蒸30分钟。
3. 蒸制30分钟后取出，捞出猪瘦肉，滗出汤汁备用。
4. 用中火热锅，倒入猪油，将番薯嫩叶炒香，加入上汤、草菇带汤、味精、食用盐、鱼露、鸡油，约煮5分钟。
5. 原汤汁用生粉水勾芡，加入鸡油推匀，起锅盛入汤碗，草菇放在上面，四周撒上熟火腿末即成。

感官特点

此菜粗料精制，色泽碧绿，汤羹浓稠，香醇软滑，是潮州几百年来的传统菜品。

菜品典故

护国菜又称“护国羹”，此道菜的由来有着这样的传言：相传公元1278年，南宋坚决主张抗元的将领张世杰和大臣陆秀夫保护少帝赵昺从福州逃至广东潮州。赵昺与陆秀夫等人寄宿在南澳的一座深山古庙中，庙中的和尚听说宋朝的少帝驾到，惊喜万分，无奈因连年兵荒马乱，没什么好吃的东西可以奉献，只能用自产的番薯叶煮熟款待皇帝。他们将新鲜的番薯叶烫沸水去掉苦涩味后制成汤肴。此时的少帝正是饥渴交加，吃了之后觉得美味无比，拍案叫绝，当即赐名“护国菜”。

八宝素菜

主料　大白菜500克，干香菇25克，干草菇25克，笋尖75克，干腐竹25克，板栗75克，鲜莲子30克，熟面筋50克。

辅料　猪五花肉100克，火腿10克。

调料　上汤1.5升，食用盐2.5克，料酒15克，味精5克，生粉30克，芝麻油10克，食用油750毫升。

制作流程

1. 将大白菜洗净后改刀切成约2厘米×7厘米的段后焯水浸凉备用。
2. 将笋尖改刀切成约2厘米×2厘米×7厘米的楔形状。
3. 将干腐竹冷水涨发后切成约7厘米长的段焯水备用；板栗焯水去皮；鲜莲子焯水沥干备用。
4. 将猪五花肉切厚片，厚度约为5毫米。
5. 将干草菇用冷水浸泡30分钟，洗净（注意去除根部泥沙）后控干水分备用。
6. 将干香菇用冷水浸泡60分钟，洗净（注意去除根部）后控干水分备用。
7. 砂锅加竹篾垫底备用。
8. 烧热炒锅倒入食用油，油温加热至120℃时，将香菇、草菇、莲子和笋尖分别投入油锅中炸15秒，将板栗投入油锅中炸熟，依次盛入砂锅。
9. 将炒锅中食用油倒回油锅，投入猪五花肉稍煸炒出油后烹入料酒，投入白菜段中火煸炒30秒后一起盛入砂锅，将腐竹和火腿放入砂锅。
10. 在炒锅中加入上汤，烧开后加入食用盐，倒入砂锅中，加盖，大火烧开后转小火慢煨25分钟后熄火，将竹篾连同原料整体取出，拣去火腿和猪五花肉。
11. 取一碗，将莲子摆在中间，将其余六种主料逐一摆在周围，最后加入白菜段，灌入砂锅中的原汤，入蒸笼蒸15分钟后取出，滗出汤汁。
12. 将蒸好的菜品原汁倒入锅中，加入味精，下生粉水勾成琉璃芡，加入芝麻油和包尾油，将碗中食材反扣在盘中，将芡汁均匀淋上即可。

感官特点

味道鲜美，口感丰富。

菜品典故

据说在潮州府城开元寺举办了一次厨师厨艺大比试，在比试中有烹制“八宝素菜”这一项内容。在众多厨师中，有一位在意溪别峰寺任主厨的厨师十分聪明，他深谙“八宝素菜”是一道素菜，但素菜一定要荤做，也就是这些素的原料，一定要用肉类去炆炖，素和荤结合起来，味道便浓郁无比，否则便寡淡无味。但这次比试是佛寺内的比试，比试时是绝对不能携带老母鸡、排骨、猪肉之类的东西进开元寺的。这位厨师苦思良久，终于想出了一个好办法。在比试的前一天，他在家中先用老母鸡、排骨、猪肉熬了浓浓一锅汤，然后把一条洗干净的毛巾放进锅里煮，再把毛巾晾干。第二天比试的时候，他把这条毛巾披在肩上，手提一竹篮，篮中盛着莲子、香菇、冬笋、白菜等原料走向开元寺。开元寺把门的和尚检查了他篮中的东西，没有发现有肉类的东西便放他进去了。

制作者：蓝照华

生炒糯米饭

主料　白糯米400克，白膘肉200克。

辅料　冬瓜片50克，柑饼50克，潮州柑5克，葱20克，香菜5克，红米1克。

调料　白砂糖200克，食用油20毫升。

制作流程

1. 将白糯米浸泡2小时（冬天可浸泡3小时），捞起沥干水分。
2. 先取100克白膘肉改刀切小丁，焯水至熟，捞起，用白砂糖50克腌制成玻璃肉；冬瓜片、柑饼切小丁备用；潮州柑皮去除白膜后切末备用；将葱切成葱花与剩余的100克白膘肉、20毫升食用油熬制成葱油备用；香菜洗净备用。
3. 热锅，在锅中加入冷却的葱油、浸泡好的白糯米，慢火煸炒，待其熟透（硬身）后，分3次加入适量开水，煸炒至糯米软化，再加入白砂糖150克，待白砂糖溶化后加入其他辅料，炒制均匀后装碗，摆上香菜、红米即成。

感官特点

软糯香甜。

菜品典故

在潮州，小婴儿在出生约10天的时候，要拜公婆和摆酒席请客，这个过程称作“开初”。在这一天，每个孩子是真正又唯一的主人公。在这个日子里，所有的人都会围着孩子转，给孩子最诚挚的祝福和最真切的期待。比如家里要请各方的亲戚（男方女方家的），还要准备糖、面条等喜庆的物品给亲戚们，同时还要宴请亲戚、朋友。而且宴席上的第一道菜品就是“甜糯米饭”，此菜品香甜软糯，甜而不腻，外观圆润洁白，象征着团圆美满。糯米带给人一种非常温柔的感觉，不仅因为糯米生长在高温的地方，而且从糯米的脾性来看，糯米是一种由阳刚气强的植物制成的食品。因此“开初”吃甜糯米饭，目的是为婴儿祈福、消灾，希望婴儿能平平安安、充满喜悦地成长，祈求婴儿一生顺遂，光宗耀祖。

迎春梅花饺

原料

主料　澄面粉400克，莲蓉300克。

辅料　红色食用天然色素15克，绿色食用天然色素15克，巧克力粉20克。

制作流程

1. 将澄面粉用开水烫熟，揉成澄面团。
2. 取适量澄面团分别加入红色食用天然色素、绿色食用天然色素、巧克力粉揉成红色面团、绿色面团、巧克力色面团。
3. 用巧克力色面团做成梅花树干，绿色面团做成绿叶备用。
4. 用白色面团加入红色面团压扁后包入莲蓉，做成梅花形，上蒸笼蒸10分钟至熟摆成梅花即成。

感官特点

造型美观，外通透柔软，里嫩滑甜香。

制作者：孙文湘

五彩碧鹤饺

原料

主料　面粉500克。

辅料　笋200克，韭黄100克，胡萝卜50克，香菇50克，虾米50克，猪瘦肉400克，鸡蛋1个。

调料　味精4克，食用盐8克，胡椒粉3克，芝麻油5毫升，湿生粉8毫升，猪油150克，食用油适量。

感官特点

色彩美观，酥香爽滑。

制作流程

1. 取香菇25克、笋100克和虾米切成细粒，炒香备用。猪瘦肉200克剁成肉蓉拌入食用盐3克、味精2克、胡椒粉1克、芝麻油2毫升搅拌均匀制成馅。
2. 将面粉加入猪油、鸡蛋揉成酥油皮，用湿白布盖密，静置15分钟，然后搓成长条，切成大小均匀的剂子，再用小木槌擀成薄圆形的皮，用皮包入馅料做成碧鹤形状的饺子。
3. 热锅下油，待油温约升至150℃时，放入碧鹤饺炸至金黄色，捞起，沥干油摆盘。
4. 将剩下的猪瘦肉、笋、香菇、韭黄、胡萝卜切成丝放入锅中炒香，加入味精2克、食用盐5克、胡椒粉2克、芝麻油3毫升炒匀，最后用湿生粉勾芡后出锅，和碧鹤饺一起装盘即成。

金瓜芋蓉

主料　生芋500克，金瓜400克。
辅料　葱20克，白砂糖600克。
调料　清水100毫升，猪油200克。

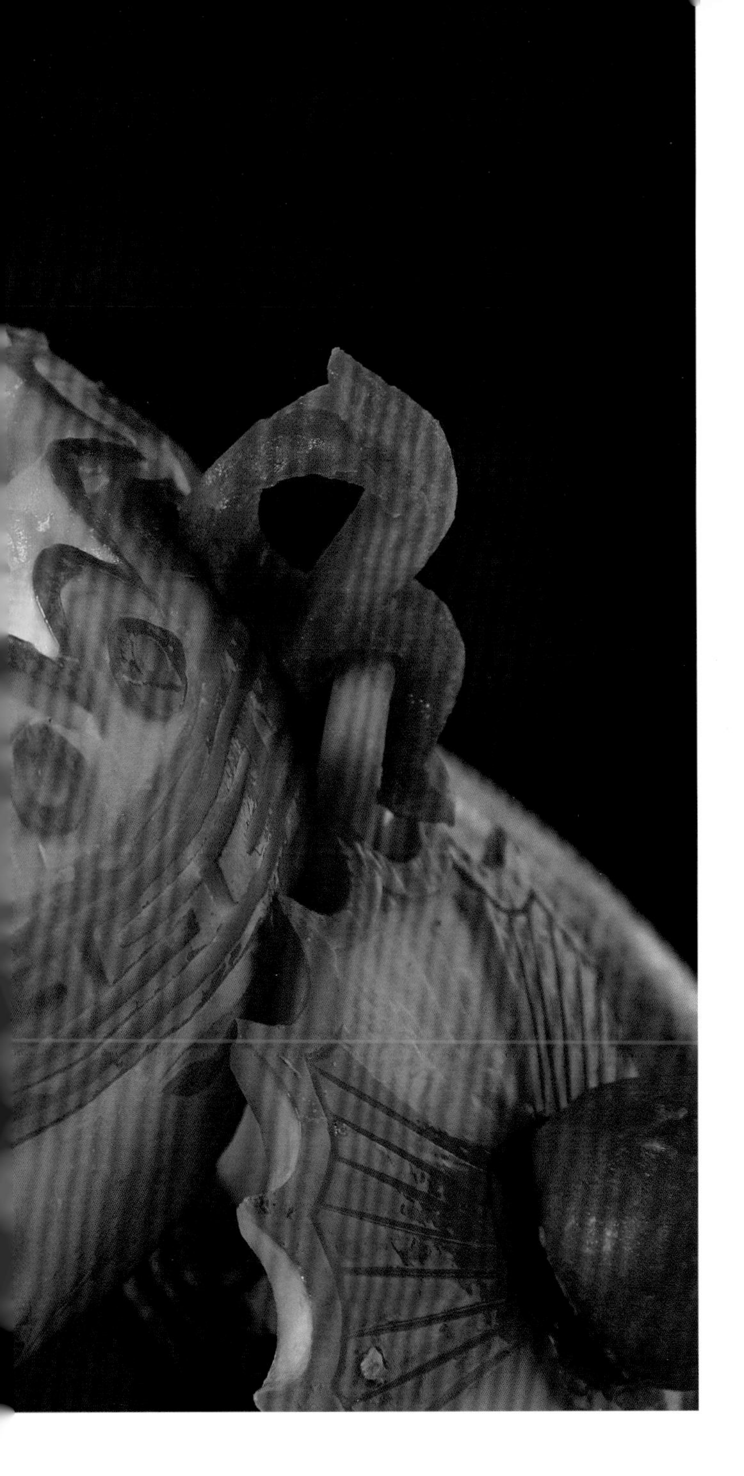

制作流程

1. 将生芋洗净、蒸熟，剥皮后放在砧板上，用刀压平，擀成没有颗粒的蓉为止。葱切成葱花备用。
2. 用200克猪油将葱花用文火炸香，炸至葱花呈金黄色，滤掉炸焦的葱花，将油倒入碗中成葱珠油备用。
3. 将芋蓉放进锅内，加入100毫升清水搅匀，再加入300克白砂糖，待芋蓉与白砂糖融合后，用文火熬约10分钟，倒入炸好的葱珠油再进行熬制，直到猪油全部被芋蓉吸收，变为浆糊状，起锅装碗备用。
4. 将金瓜刨皮、去瓤，削净切块。将其用200克白砂糖腌制3小时，装在炖盅中，用文火炖，炖制过程中撇去浮沫，直到腌制在金瓜中的糖水变成糖油为止。
5. 再将剩下的100克白砂糖煮成糖油备用。
6. 将炖好的金瓜盛在碗里，芋蓉放在金瓜上面，入蒸笼蒸5分钟，蒸好后倒翻过碗，淋上糖油即成。

感官特点

此菜是筵席上的甜菜，金瓜色泽金黄、润滑香甜；芋蓉既香又滑，十分可口。

◆ 第二节　家禽类风味菜 ◆

凉冻金钟鸡

原料

主料　嫩鸡项1只（约1千克）。

辅料　熟笋100克，熟火腿25克，湿香菇20克，熟青豆24粒，鱼胶片20克，琼脂10克，芹菜少许。

调料　食用盐、味精、鸡油、料酒、葱、姜各少许，上汤500毫升。

制作流程

1. 将鸡宰杀后去毛，去内脏，洗净晾干。用食用盐和料酒调匀将鸡内外抹透，再塞入姜、葱后放进蒸笼蒸熟。
2. 将鸡蒸熟冷却后进行拆肉，取一部分连皮鸡肉切成长2厘米、宽1厘米的小块，其余切成4毫米见方的鸡肉粒。
3. 将熟火腿切丝、香菇焯熟切成丝备用；笋、芹菜切成丝备用。
4. 取同样大小的茶杯24个，洗净拭干，杯内涂少许鸡油，然后将连皮鸡肉块，笋丝、火腿丝、芹菜丝、香菇丝各1条分别放于杯内的边缘，间隔要整齐一致，鸡皮贴向杯壁，杯底放进鸡肉粒。
5. 将鱼胶片、琼脂投入上汤中，加入食用盐、味精一同煮制，煮至鱼胶片、琼脂溶化为止（用洁净纱布过滤，去掉沉淀的杂质），倒入盆内冷却，待冷却至约65℃时注入已准备好原料的杯内，杯面中央放一粒青豆，继续冷却，待凝固后放入冰箱冷藏。
6. 上席时把杯翻转，轻轻倒出，一个一个放进餐盘即成。

感官特点

清凉爽滑，别有风味；制作精致，造型美观。红、浅黄、白、绿相间，晶莹透亮，各种物料清晰可见，是夏、秋季节佳肴。

制作者：陈思煌

腐皮鸭

主料　鸭肉400克，糯米100克。

辅料　猪瘦肉100克，板栗100克，湿香菇25克，虾米10克，方鱼末10克，鸡蛋清2个，腐皮2张，咸草6条，姜10克，葱10克。

调料　味精10克，食用盐7.5克，胡椒粉2克，湿生粉20毫升，酱油5毫升，料酒5毫升，芝麻油2毫升，食用油适量，上汤适量，甜酱适量。

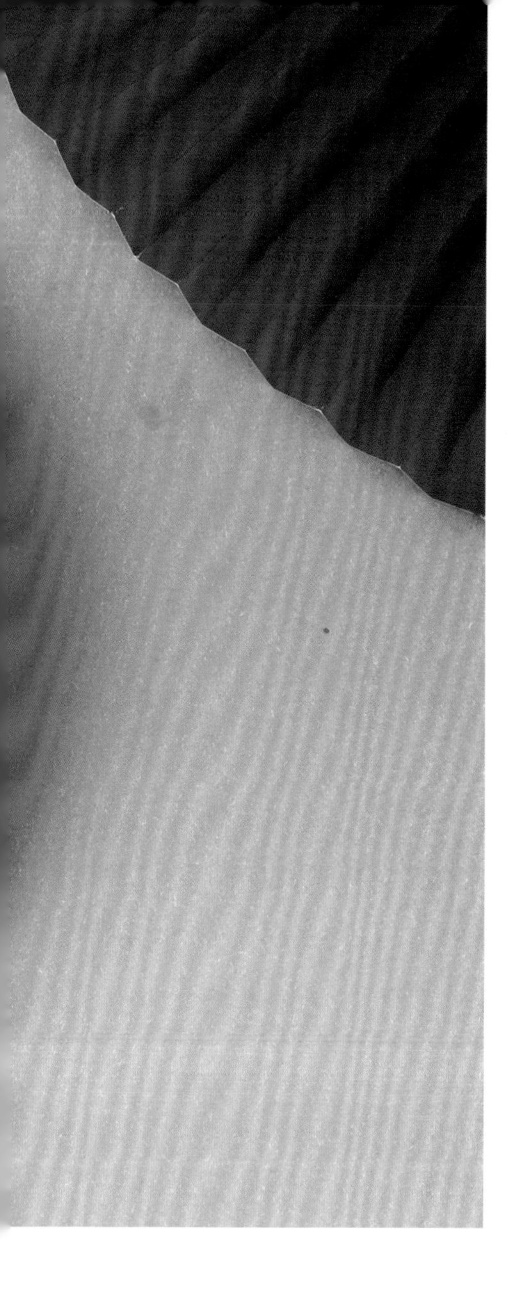

制作流程

1. 将糯米洗净炊熟备用；板栗炸熟后切碎备用；虾米、香菇切粒备用；猪瘦肉切丝备用。
2. 将糯米饭、板栗、虾米、香菇、猪瘦肉丝拌匀，加入方鱼末、胡椒粉、食用盐、味精一起拌匀做馅备用。
3. 将鸭肉整块片薄，盛入碗中，加入酱油、料酒、姜、葱、味精腌制10分钟，去姜、葱后加入鸡蛋清调匀备用。
4. 腐皮用湿布擦润，铺在砧板上，鸭肉片放在腐皮一侧，糯米馅放在鸭肉上面，然后卷成长约20厘米、直径约3厘米的圆条，两端用咸草扎紧，入蒸笼蒸熟后取出备用。
5. 将蒸熟的腐皮卷放入油锅炸至金黄色捞出，去掉咸草，每条切成8块，放入餐盘，再放入蒸笼蒸热取出。
6. 在锅中加入上汤，加入味精、胡椒粉、芝麻油、食用盐，用湿生粉勾玻璃芡淋在腐皮卷上即成，上席时跟上甜酱2碟（橘油）。

感官特点

浓香入味，口感软糯。

传统卤钵

原料

主料　鹅掌200克，水发海参100克，鹅胸肉40克，海虾40克，猪五花肉50克，鸡蛋2个，大连鲍鱼4粒。

辅料　莲子30克，油豆腐30克，香菇10克，西蓝花50克，卤水适量。

制作流程

1. 将莲子、香菇泡发备用。
2. 将鹅胸肉、鹅掌、大连鲍鱼、水发海参、猪五花肉、鸡蛋放入卤水中卤约1小时取出备用。
3. 将卤鹅胸肉、猪五花肉切片（规格为3厘米×6厘米），海参切块备用；鹅掌切成4块，鸡蛋切成4块备用。
4. 将海虾剪去须，焯熟备用。
5. 将泡好的莲子、香菇和油豆腐放在砂锅底；将改刀好的原料、海虾、鲍鱼摆放在上面，再加入少量的卤水，小火煮20分钟后摆上焯熟的西蓝花点缀即可。

感官特点

咸香入味。

菜品典故

相传古代潮州的富贵人家每逢过年过节，就会以大鱼大肉祭祀祖先。由于潮州近海边，不乏很多祭品是海产品干货类，也有潮州特有的卤水鹅、卤水肉等，当祭祀完毕后就会宴请宾客，每次宴请结束后会剩下很多食物，这时下人就会把各种食物收集起来，用卤水把这些食材煲成一锅，然后慢慢食用，渐而形成潮州过节特有的一道菜——潮州卤钵。直到今天，仍有许多潮州家庭喜欢在春节、中秋等传统节日做一锅肉香四溢的卤钵，只不过现在是用新鲜原材料直接卤制。这也印证了潮州菜“物无定味，烹无定法，遵从天道，适口者珍”的特点。

炊莲花鸡

原料

主料　鸡肉400克。

辅料　青椒100克，湿香菇40克，葱30克，香菜25克。

调料　食用盐6克，味精7.5克，白砂糖15克，茄汁75毫升，芝麻油25毫升，白醋25毫升，料酒15毫升，干面粉350克，生粉40克，上汤300毫升，食用油适量。

制作流程

1. 将鸡肉片开后改花刀，切成宽2.5厘米、长4厘米的块，加入味精、食用盐、生粉各3克和料酒拌匀备用，将青椒洗干净，用刀切成2厘米角形备用。将葱切成葱段。
2. 将锅烧热放入生油，待油温约120℃时放入鸡肉，走油倒回笊篱备用。将葱段、香菇、青椒依次下锅拉油后倒出备用。
3. 将鸡块、香菇、葱段一起下锅，烹入料酒，加入上汤、味精、食用盐、茄汁、白醋、白砂糖略炆3分钟。下湿生粉勾芡，淋入芝麻油、包尾油，再下青椒翻炒均匀，起锅盛在碗里备用。
4. 将面粉倒入碗内，冲入开水100毫升搅匀，放在案板上用手揉透，分成4块擀成圆形皮，其中1块大（直径约22厘米），1块中（直径约18厘米），2块小（直径约14厘米）。先取1块小面皮，在其中一面抹上芝麻油，再把两块小面皮合二为一后开薄，注意要保持圆形。
5. 将锅抹干净，将开薄后的面皮放在锅上慢火煎至两面略黄时取出，将两块面皮撕开，分别剪成8块三角形备用。将大块的面皮放入抹过芝麻油的碗里，面皮中间靠碗底，四周到碗边外，用刀在碗内划出交叉线（即8个角），不可开至碗边。然后将小块的面皮排落碗内（即第二层），把煎火的一面朝上，最后把炒好的鸡块装入碗里。
6. 将中块的面皮盖在碗面，与碗底的皮“合二为一”，卷边后放进蒸笼蒸约20分钟，取出反转覆落碟，去碗，将八个角的皮单个撕开，尖角朝碗边，犹如一朵莲花般绽放。上席时跟上拌碟香菜即成。

感官特点

口感鲜嫩，酸甜可口，形似莲花，精致美观。

菜品小知识

“莲，花之君子者也。”“青荷盖绿水，芙蓉披红鲜。”古籍中对莲花的记载颇多，其全身都是宝。从莲藕到莲子，莲叶至莲花，均是药食同源的好东西。前辈师傅们见到大家对莲花、莲叶的喜爱，创制出此道经典的莲花鸡。现如今，有的师傅认为莲花鸡的制作流程烦琐而价值不高。但我们这一代需肩负继承传统菜品的担子，将创新与传统相结合，让其不断发展下去。

酿百花鸡

主料　嫩鸡1只（约750克），鲜虾肉300克。

辅料　白膘肉50克，火腿末25克，芹菜末15克，马蹄15克，鸡蛋清30克。

调料　味精10克，食用盐6克，胡椒粉0.5克，湿生粉10毫升，上汤50毫升，猪油50克。

制作流程

1. 将活鸡宰杀，脱毛，取出内脏后清洗干净。用刀斩去鸡翅、脚，拆出全部鸡肉（整只拆出），鸡胸肉留用，把近皮部分的肉，带皮片开，整片用刀轻剁几下（不要切断），加入食用盐1.5克、味精2.5克腌制10分钟，然后摊开在餐盘上（鸡皮向盘底）备用。
2. 将鲜虾肉用刀拍烂，剁成虾胶，将马蹄肉切粒后加入；再把鸡胸肉剁成鸡蓉一并加入，混合均匀，加入味精5克、食用盐3.5克、鸡蛋清30克，用筷子快速搅拌，打至起胶时，把白膘肉切成细粒掺入，搅拌均匀备用。
3. 将虾胶拌匀后覆盖在鸡肉上面，用刀压平，虾胶上一边撒上芹菜末，一边撒上火腿末。将其放进蒸笼，用旺火蒸约15分钟至熟取出。
4. 取出后用刀将其切成长3厘米、宽2.5厘米的长方块，砌入餐盘中。
5. 在炒锅中加入上汤、味精2.5克、食用盐1克、胡椒粉0.5克，用湿生粉10毫升勾芡，再加入猪油50克拌匀，淋在鸡肉块上即成。

感官特点

色泽光亮，红绿相间，味道鲜美爽滑，造型美观。

菜品小知识

该菜品外形类似花圃，故名“百花鸡”。

炒乳鸽松

主料　乳白鸽2只（约700克，取肉250克）。

辅料　马蹄肉150克，猪瘦肉100克，生菜200克，葱白30克，湿香菇25克，韭黄25克，火腿10克，薄饼皮12张。

调料　食用盐5克，味精5克，胡椒粉3克，川椒末1克，陈醋30毫升，芝麻油5毫升，食用油适量，浙醋适量。

制作流程

1. 将白鸽宰杀，去毛，开腹，去除内脏。将白鸽洗净，拆去粗骨，用刀取出鸽肉，然后与猪瘦肉一并剁成肉松备用。
2. 将马蹄、韭黄洗净，切成细丁备用；火腿、香菇（去蒂）切成细丁备用；葱白切成细末备用。
3. 洗净炒锅用大火加热，先倒入少许油润锅，再加入适量的油把葱白和川椒末一并炒香备用。
4. 往锅中倒入适量的油，先将鸽肉松放入油锅炸熟，捞起，再下锅炒约4分钟捞起，沥干备用。
5. 留底油，大火加热，将马蹄、韭黄、香菇末、火腿和葱椒末炒香，加入鸽肉松，下食用盐、味精、胡椒粉、陈醋、芝麻油调味，爆炒，炒匀后盛入餐盘。
6. 将薄饼皮、生菜修成和圆形碗口大小一般，装盘。
7. 上席时配上半小碗酱碟浙醋。

感官特点

松香爽脆，味道适口。

豆酱焗鸡

主料　光鸡1只（约重750克）。

辅料　白膘肉100克，香菜25克，姜10克，豆酱50克。

调料　葱20克，味精5克，白砂糖5克，料酒10毫升，上汤50毫升。

制作流程

1. 将鸡洗净晾干，切去鸡爪、鸡嘴、食道和肛门口，用刀背将鸡颈骨均匀地敲断备用。
2. 将香菜、姜、葱洗净备用。
3. 将白膘肉用刀片薄；豆酱滗出汁后，用刀将豆酱渣压烂，再放入豆酱汁、味精、白砂糖、料酒搅匀调成酱汁备用。
4. 将酱汁均匀地涂抹在鸡身的内外，腌制约15分钟；将姜、葱、香菜放进鸡腹内。
5. 将砂锅洗净擦干，用薄竹篾片垫底，把白膘肉片铺在上面，鸡放在白膘肉上面，将上汤从锅边淋入（勿淋掉鸡身上的豆酱），加盖，用湿草纸密封锅盖四边，置炉上用旺火烧沸，改用小火焗约20分钟至熟取出。
6. 剁下鸡的头颈、翅、脚备用；将鸡身拆骨，鸡骨砍成段，盛入盘中，鸡肉切块放在上面，并把鸡头、翅、脚摆成鸡形，淋上原汁（鸡焗好后剩下的汤汁），配上香菜摆盘即成。

感官特点

此菜色泽浅黄，原汁原味，肉滑鲜嫩，有浓郁的豆酱香味。

炊水晶田鸡

原料

主料　养殖田鸡800克，虾肉200克，白膘肉200克。

辅料　鸡蛋清60克，芹菜50克，湿香菇25克，火腿25克。

调料　味精10克，食用盐10克，湿生粉10毫升，上汤50毫升。

制作流程

1. 将田鸡宰杀，剥皮，斩去头部，去除内脏后洗干净。拆净骨头，田鸡肉切成细粒备用。香菇切成末备用。
2. 将虾肉剁烂，然后和田鸡肉一起盛在碗内，加入鸡蛋清、味精、食用盐、香菇末拌匀备用。
3. 将白膘肉切成圆车轮形的薄片，把拌匀的田鸡肉、虾肉涂抹在白膘肉上面，四周抹平。
4. 将火腿、芹菜各切末，分开放在田鸡肉上，制作完毕后放入盘内，上蒸笼蒸10分钟即熟，取出田鸡滗出原汁，装盘备用。
5. 将原汁倒入锅内，加上汤、味精、食用盐调味，烧沸后用湿生粉勾芡推匀，将芡汁淋在田鸡上面即成。

感官特点

味道鲜美，口感爽嫩。

香酥芙蓉鸭

主料 光鸭1只（约750克），排骨250克。

辅料 鸡蛋清90克，白膘肉25克，韭黄25克，马蹄25克，火腿20克，冬菇15克，甘草1克，桂皮1.5克，葱25克，香菜25克，姜片15克，鸡蛋5个，八角2粒。

调料 干面粉75克，食用盐5克，味精6克，八味酱（芥末辣酱、梅膏酱、茄汁、芝麻酱、芝麻油各25克，白砂糖3克，胡椒粉5克，咸蛋黄2粒），料酒15毫升，生粉15克，上汤1.5升，猪油15克，食用油适量。

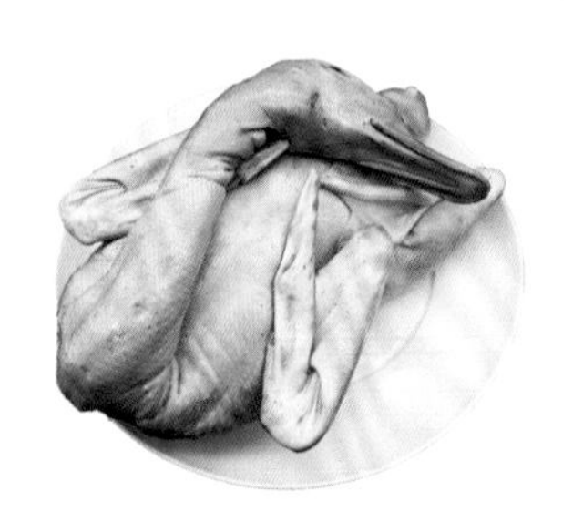

制作流程

1. 将白膘肉、韭黄、冬菇、马蹄各切成丁备用；将火腿10克切末，火腿10克切小片备用，排骨剁成3块备用。香菜摘取嫩叶，香菜头留用。葱切成葱段备用。
2. 用碗装入芝麻酱25克、茄汁25克、芥末辣酱25克、梅膏酱25克、咸蛋黄2粒、白砂糖3克、胡椒粉5克、芝麻油25毫升搅拌均匀制成八味酱，放入冷柜备用。
3. 将光鸭开背后用碟盛起，再用生粉15克和猪油7.5克涂抹在鸭皮表面。
4. 起锅下油，将光鸭进行炸制，先炸至鸭皮为深金黄色，再炸肉，后在炖钵（瓦罉）中放两段竹筷子，加上竹笪，将鸭装入。
5. 起锅下油，加入姜片、葱段、排骨炒香，加入料酒、上汤、食用盐4克、味精3克、猪油7.5克、甘草、桂皮、八角、香菜头大火煮沸开后倒入罉内，用炭炉㸆炖，炉火先武后文，直至光鸭能被拆骨即可。
6. 将光鸭取出，盛在碟中，冷却后将光鸭的骨头全部拆除备用；排骨也挑出备用。
7. 在碗中加入面粉75克、鸡蛋1个、清水搅成蛋面浆，再加入食用盐1克、味精3克、韭黄丁、冬菇丁、马蹄丁、白膘肉丁、火腿末与蛋面浆搅拌均匀备用。
8. 鸭肉用白布吸干水分，将调好的料浆酿在鸭肉上面备用。

9. 在深碟中放入鸡蛋清90克，用筷子猛力打成蛋泡，用猛火蒸30秒，取出倒在砧板上用刀轻轻抹平，再用果刀将其切成12件“日”字形，每件长约2.5厘米、宽约4厘米、高约1厘米，再将其逐个铲入碟中。
10. 在每件蛋泡上面放上1片香菜叶、1小片火腿备用。
11. 起锅下油，将鸭轻放入油锅，炸至金黄色捞起。
12. 将鸭放在砧板上切成12件，每件约3厘米×5厘米，放入盘中，逐件淋上八味酱，再在八味酱上面轻放上1份蛋泡即成。

感官特点

颜色多彩，造型美观，甘香可口。

制作者：王鸿鑫

雪山金丝燕

原料

主料　鸡蛋清240克，血燕盏50克。

辅料　三花淡奶50克，鹰粟粉20克，高汤150毫升。

调料　食用盐4克，味精3克，食用油适量。

制作流程

1. 将血燕盏置于大汤窝中，用沸水加盖浸泡20分钟，换开水再浸泡，一直至血燕盏软化胀发，取出用清水浸洗，并用镊子仔细拣去燕毛和杂质，捞起晾干后再用开水泡0.5小时，捞起沥干水分备用。
2. 将血燕盏加入高汤中，放入蒸笼蒸10分钟，加入食用油和味精调味备用。
3. 将鸡蛋清装入器皿，再加高汤、淡奶、鹰粟粉、食用盐、味精调味拌匀。
4. 炒锅倒入食用油，中火加热，油温约120℃时倒入拌匀的鸡蛋清，烙炸至熟，起锅沥干，装盘，将调好味的血燕盏沥干放上面即成。

感官特点

造型美观，清甜爽滑。

制作者：吴前强

凤翼扒竹荪

主料　鸡翅12只，干竹荪50克。

辅料　芹菜25克，火腿25克，湿香菇25克，红辣椒10克。

调料　食用盐4克，味精4克，胡椒粉1克，鸡油50毫升，高汤300毫升，生粉3克，芝麻油5毫升。

1. 将竹荪用温水泡发，洗净去除杂质，再用清水漂洗几次，最后用开水泡一下，捞起挤干水分，去头尾，改刀切段，焯水后装入器皿，再加入高汤、鸡油调味，入蒸柜猛火蒸40分钟。
2. 将火腿、红辣椒和香菇切丝；芹菜切段备用。
3. 将鸡翅焯水，然后去骨，头尾改刀，塞入火腿丝、红辣椒丝、香菇丝和芹菜段备用。
4. 挂锅上炉，锅中放入包制好的鸡翅，加入适量食用盐、味精、胡椒粉、芝麻油、高汤炆熟，捞起鸡翅同竹荪一起装盘。
5. 将原汤加入生粉、包尾油勾成琉璃芡，淋在鸡翅和竹荪上即成。

炊石榴球

制作者：邹奇

原料

主料　鸡胸肉200克，鸡蛋10个。

辅料　笋肉100克，湿香菇50克，芹菜25克，火腿10克，蟹子5克。

调料　味精5克，食用盐5克，胡椒粉1克，芝麻油1毫升，湿生粉20毫升，上汤50毫升，食用油适量。

制作流程

1. 取鸡蛋中的蛋清，加少量湿生粉搅匀过滤，再取平底锅放在平头炉上用小火加热，锅中倒入少量的油润锅，倒出油，再倒入鸡蛋液，将其煎成厚薄均匀的圆形蛋白皮备用（每煎一张蛋白皮前都要润锅一次，防止粘锅）。
2. 将芹菜去叶洗净，整条焯水，漂凉，撕成细条备用；笋肉焯熟切粒备用；鸡胸肉去皮后切粒，加入湿生粉进行腌制备用；火腿、香菇切末备用。
3. 净锅后先将鸡胸肉过油。然后倒干余油，将切好的火腿、香菇、笋粒炒香，再放入鸡胸肉、少量上汤，加入食用盐、味精、胡椒粉、芝麻油进行调味，勾好芡后装盘子，摊凉备用。
4. 取蛋白皮1张，将炒好的馅料装一匙放在蛋白皮中间，四周收起包拢，再用芹菜丝逐个绑紧，做成石榴状。
5. 将其放在蒸锅中蒸10分钟后取出，在石榴嘴中间点上蟹子；锅中放入上汤，加味精、食用盐、胡椒粉、芝麻油、湿生粉勾芡淋上即成。

感官特点

造型美观，味道鲜美。

制作者：苏培明

卤味拼盘

原料

主料　光鹅1只，鹅粉肝1个，鹅血300克。

辅料　白膘肉1千克，青瓜100克，番茄100克。

调料　南姜800克，蒜头500克，香菜50克，桂皮50克，川椒25克，香叶15克，八角15克，甘草10克，食用盐200克，冰糖250克，生抽250毫升，鱼露250毫升，糖油200毫升，上汤5升，清水适量，蒜泥醋适量。

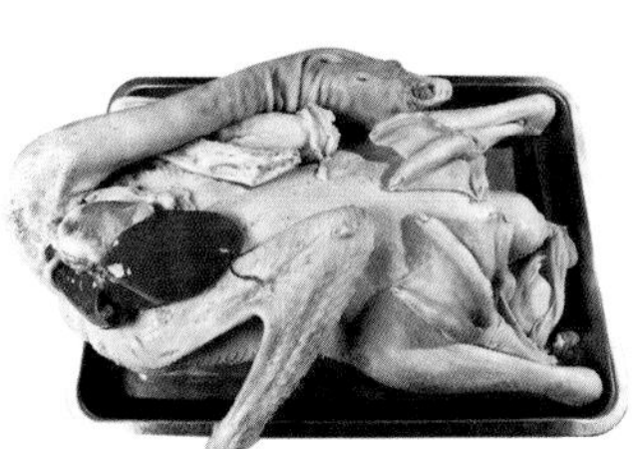

制作流程

1. 将光鹅洗干净后内外用食用盐搓匀，将鹅粉肝、鹅血、香菜洗干净备用，白膘肉切大块备用，南姜洗净切片备用。
2. 在汤锅中加入清水、上汤，将桂皮、川椒、香叶、八角、甘草炒起香味后装入料包放入卤锅，再加入糖油、冰糖、食用盐、生抽、鱼露、蒜头、南姜烧开备用。
3. 卤锅烧开后放入光鹅，先大火后慢火将其卤制约90分钟，直到光鹅熟透，捞起挂干汤汁，放凉备用。
4. 将鹅粉肝用慢火卤制，约20分钟至熟，再用卤油浸泡。另起锅加入少量卤汤，倒入鹅血慢火略浸。
5. 准备一个大圆盘，将青瓜、番茄切片，放在圆盘中隔成四格。用刀将光鹅均匀地切成鹅肉片；鹅粉肝切片；鹅头、鹅脚切块；鹅血用于垫底，分别装在圆盘空格上，配上香菜、蒜泥醋即成。

感官特点

色泽鲜艳，肉香浓郁。

制作者：安和伟

鲜奶炖荷包鸡

主料　光鸡1只（约1千克，不开腹部）。

辅料　银耳500克，鲜牛奶100毫升。

调料　食用盐10克，上汤400毫升。

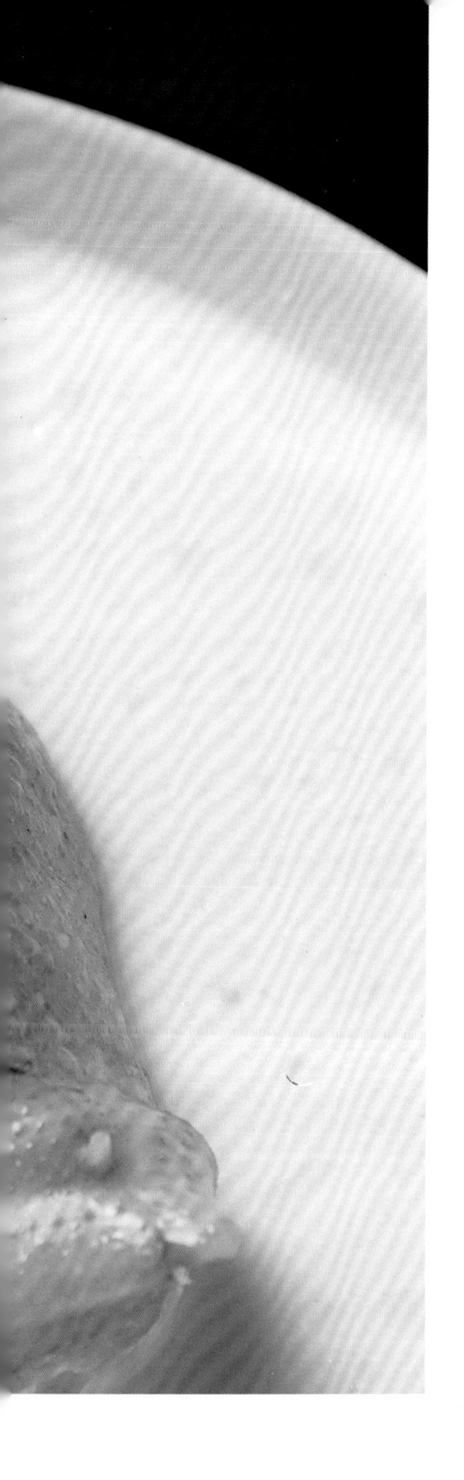

制作流程

1. 将光鸡洗净，拆成荷包鸡备用，银耳浸泡涨发备用。
2. 将初加工好的银耳放入荷包鸡腹内，捆紧备用。
3. 将捆紧的荷包鸡放入冷水锅中，慢慢加热至微沸，使得荷包鸡中的血水迫出后，捞起，放入冷水中漂洗干净备用。
4. 把漂洗干净的荷包鸡放入炖盅容器内，加入鲜牛奶、上汤、食用盐，用保鲜纸密封炖盅放入蒸笼中，中火炖50分钟，即成。

感官特点

清香奶味浓，营养丰富，形态美观，富有涵义。

菜品典故

荷包是中国汉族传统服饰中人们随身携带的一种用来装零星物品的小包，后来发展为爱情信物，精巧别致。以前用于制作菜品的食材没有那么丰富，一般是肉类三鸟和少许海鲜，这道菜也是高档婚宴中的菜品，再加上用鲜奶炖制，使得营养更加丰富。

◆ 第三节　家畜类风味菜 ◆

绉纱芋泥

原料

主料　猪五花肉500克，芋头400克。

辅料　白砂糖650克，葱15克。

调料　老抽10毫升，湿生粉10毫升，熟猪油100克，食用油适量。

制作流程

1. 将芋头刨皮洗净，横切成片，芋头片入蒸笼用猛火炊约30分钟至熟取出，用刀碾压成泥备用。葱切成葱花备用。
2. 将猪五花肉刮洗干净，放入开水锅里，用中火煮约40分钟至软烂。取出后用铁针在猪皮上均匀地戳上小孔，用洁净白布抹干，再涂上老抽着色。
3. 用猛火烧热炒锅，倒入生油，烧至油温约190℃时放入猪五花肉，加盖端离炉位，让其浸炸至皮呈金黄色，倒入笊篱沥去油后，将猪五花肉切成长8厘米、宽5厘米、厚1.2厘米的长方块备用。
4. 将炒锅端回炉上，下入开水，放入猪五花肉煮约5分钟后捞出，用清水漂浸，如此反复煮漂4次，至去掉油腻为止。
5. 将竹篾片放入砂锅垫底，放进猪五花肉块，加入水至没过猪五花肉块，加入白砂糖400克，加盖用小火炆约30分钟取出，摆放在碗内（皮向下）。
6. 用中火烧热炒锅，下熟猪油100克，倒入葱花炸至微微变黄后捞出，锅中放入芋泥，转用小火慢慢炒，边炒边加入白砂糖200克，至糖溶化后取出铺在猪五花肉上。
7. 将猪五花肉连同芋泥放入蒸笼用中火蒸约20分钟，取出覆扣在汤碗里。
8. 炒锅洗净，下开水120毫升，白砂糖50克，烧沸后用湿生粉调稀勾芡，淋在肉上即成。

感官特点

肥而不腻，香甜柔滑。

菜品小知识

芋泥是以熟芋头、白砂糖、猪油碾压熬制而成。相传当年林则徐吃冰激凌受外国人戏弄后，就是用这滚烫却不冒烟的热芋泥让外国人出丑的。潮州人举一反三，把看似平凡的芋泥进行升华，创制出太极芋泥、玻璃芋泥、绉纱芋泥、清汤芋泥和金瓜芋泥等产品。潮州人对芋头情有独钟，论食法完全可以做成“全芋宴”，例如酥脆的炸芋酥和甜香的翻沙芋，甜滑软润的芋泥和芋泥酥饼，清香鲜嫩的芋头煮松（鳙）鱼头和芋卵煮薄壳，还有宋代吴复古烤给苏轼食的煨芋，在元代中秋更是有“食胡头”（芋头的谐音）、“剥鬼皮”等秘语习俗。

干炸粿肉

原料

主料　猪前胸肉400克。

辅料　猪网油150克，马蹄肉200克，葱100克，鸭蛋清30克，潮州柑1个。

调料　生粉250克，五香粉2克，食用盐6克，芝麻油2毫升，料酒10毫升，味精2克，食用油适量，梅膏酱适量。

制作流程

1. 将新鲜的潮州柑剥皮去除果肉，剩下外皮，片掉表皮的白色部分，剩下最外面的黄色表皮，然后切成5厘米的细丝（大约50克即可）；将猪前胸肉、马蹄肉、葱切丝，加入潮州柑丝、鸭蛋清30克、五香粉2克、食用盐6克、味精2克、芝麻油2毫升、料酒10毫升和生粉50克拌匀制成馅料备用。
2. 将猪网油平铺在砧板上，撒上生粉（200克作为手粉），然后将馅料放上，卷成截面直径约2厘米的长条形，再将卷好的粿肉卷两头修齐后切段，每段长约3.5厘米，两端裹上生粉。
3. 热锅倒入生油，油温五成热时，将粿肉下锅炸至熟，捞起粿肉，再次热油，当油温至六成热时，将粿肉下锅复炸10秒，捞起粿肉装盘即可。
4. 上席跟上梅膏酱酱碟。

感官特点

色泽金黄，外酥肉嫩，味馥。

菜品小知识

粿肉属于广东潮汕地区的一种民间传统美食，也是潮汕比较有代表性的美食之一，在潮汕几乎家家户户过年都会自制这种美食。传统制法中不上全蛋浆，饮食业中称“穿衣”。

酸甜咕噜肉

原料

主料　猪瘦肉300克。

辅料　马蹄肉50克，菠萝肉40克，番茄40克，青瓜40克，红辣椒5克，面粉100克，葱20克，鸡蛋1个。

调料　白砂糖40克，梅膏酱50克，五香粉1克，白醋25毫升，食用盐2克，生粉30克，料酒5毫升，酱油5毫升，食用油适量。

制作流程

1. 将猪瘦肉用刀片成薄片后，再用花刀切成菱形块状，盛进碗里加入少许五香粉、酱油、鸡蛋液、料酒、湿生粉拌匀腌制10分钟，再拍上薄面粉备用。
2. 将红辣椒、马蹄肉、番茄、菠萝肉15克、青瓜全部切成菱形片；葱切成段备用。
3. 热锅下油，待油温升至180℃时将猪瘦肉逐片下锅炸透，倒入漏勺沥油。
4. 制作酸甜汁：将菠萝肉25克、红辣椒1克、葱2克均切成丁，用小火爆香，再加入梅膏酱50克、食用盐2克、白砂糖40克、湿生粉20克，最后加入白醋25毫升混合均匀，炒成酸甜汁备用。
5. 将菠萝、番茄、青瓜、红辣椒、马蹄、葱段放入锅中炒香，掺入酸甜汁调味，加入湿生粉勾薄芡，再将炸好的肉块倒入锅中即炒即起。

感官特点

肉质酥香，汁味酸甜。

制作者：邹奇

佛手排骨

原料

主料　排骨400克，猪瘦肉300克。

辅料　面粉100克，虾肉50克，马蹄肉50克，白膘肉25克，方鱼15克，红辣椒5克，葱60克，鸭蛋2个。

调料　食用盐10克，芝麻油5克，味精6克，川椒末1克，甜酱适量，食用油适量。

制作流程

1. 将排骨用刀剁成7厘米长的块，脱肉，再把脱出来的排骨肉与猪瘦肉、白膘肉、虾肉、马蹄肉、方鱼、葱、红辣椒一起放在砧板上，用刀剁成蓉。
2. 在肉蓉中加入食用盐、味精、芝麻油、川椒末拌匀，然后均匀分成12份。
3. 用手将肉蓉分别镶在排骨的一端，捏成12支佛手状，沾上面粉，将面粉捏紧。
4. 将鸭蛋壳磕开，打散蛋液，然后把佛手状的排骨分别用鸭蛋液蘸匀。
5. 将排骨放入油锅中用慢火浸炸至熟透捞起装盘即成，配甜酱2碟上席。

感官特点

此菜色金黄，形似佛手，外香里嫩，酸甜可口。

制作者：翁泳

潮州肉冻

原料
主料　猪前脚750克，猪五花肉500克，猪皮250克。
辅料　香菜25克。
调料　清水1.5升，味精3.5克，冰糖12.5克，鱼露150毫升，红豉油6毫升。

制作流程

1. 将猪五花肉、猪前脚、猪皮刮洗干净，分别切成块（猪五花肉每块重约100克、猪脚每块重约200克、猪皮每块重约50克）。
2. 将猪五花肉、猪前脚、猪皮分别用沸水焯1分钟，捞起洗净。
3. 砂锅内加清水烧沸（锅里放入竹笪垫底），加入猪前脚、猪皮约煮20分钟，再加入猪五花肉、冰糖、红豉油和鱼露，用小火约煮2.5小时，直至软烂，捞起肉料，放入洗净的砂锅内（按肉、皮、脚顺序砌，皮向下）。
4. 将原汤浓缩至约剩750克，撇去浮沫，再加入味精，用洁净的纱布将汤汁过滤一遍。
5. 将过滤的汤汁倒入砂锅，放在炉上烧至微沸，撇去浮沫。然后将锅端离火口，冷却凝结后，取出切块放入盘中，香菜叶装盘，并以鱼露佐食即可。

感官特点

此菜晶莹透彻如水晶，味鲜软滑，入口即化，肥而不腻。

煎金钱牛柳

原料

主料　牛吊龙肉300克，土豆200克。

辅料　鸡蛋2个，生菜200克，姜20克，葱20克。

调料　食用盐5克，番茄酱50克，白砂糖25克，生粉50克，黑椒酱10克，白醋10毫升，料酒5毫升，食用油适量。

制作流程

1. 将牛肉切成圆形厚片，用刀轻捶使肉纤维变得松弛，加入黑椒酱、姜、葱、料酒、鸡蛋清、生粉腌制20分钟，使其入味。
2. 将土豆切成圆形厚片，放入盐水中泡去土豆表面的淀粉，再加入鸡蛋清，抹上生粉备用；生菜叶切成圆形摆在盘子的一边。
3. 锅中下油，待油温升至100℃左右，放入土豆厚片炸至金黄，捞起摆盘。
4. 热锅温油，将腌好的牛肉煎至七分熟，加入番茄酱、白砂糖、白醋，收汁起锅。将牛肉摆在生菜叶上，土豆叠放在牛肉上即成。

感官特点

形似金钱，酸辣咸香。

◆ 第四节　水产类风味菜 ◆

架裟鱼

原料

主料　鱼肉300克，虾肉400克，猪网油200克。

辅料　白膘肉50克，湿冬菇50克，香菜叶40克，火腿30克，生鸡蛋1个，熟鸡蛋1个。

调料　味精5克，食用盐4克，胡椒粉2克，生粉10克，喼汁30毫升，食用油适量。

制作流程

1. 将鱼肉洗净切成厚片，锅中热油将鱼片炸熟后倒回笊篱，顺锅把鱼倒回，加入喼汁煎香备用。
2. 锅中倒入食用油50~100毫升，冒烟时关火，放入胡椒粉搅拌均匀制成胡椒油备用。
3. 将白膘肉切丁备用；熟鸡蛋白切片备用；冬菇、火腿切片备用；香菜叶洗净备用。
4. 将虾肉洗净用洁净白布吸干水分，剁碎后加入蛋白、食用盐、味精、鸡蛋清打成虾胶，投入白膘肉丁搅匀备用。
5. 将猪网油摊开放在案板上，首先酿上一层虾胶，摆上鱼片后再酿一层薄虾胶，依次放上火腿片、熟蛋白片、冬菇片以及香菜叶后卷制成条，并用湿生粉封口。
6. 入蒸笼蒸10分钟至熟，取出，下油锅炸至金黄色后切成块摆入盘，最后淋上胡椒油即成。
7. 上席配上喼汁酱碟。

感官特点

外表香酥，内质爽滑。

菜品典故

在清末民初年间，潮州古城作为韩江流域上的商业重镇，大街上人来人往，车水马龙，尤其是在韩江边的东门街和牌坊街更是热闹非凡。当时，那边的餐饮店真的是鳞次栉比。这些餐饮店的经营，大多数是以小吃或者饭菜为主。鱼类也以淡水鱼为主要制作原料，而且那个时候的菜色许多是以手工制作，其中，干炸粿肉尤为盛行。有一天，一位老板来到瀛洲酒楼用餐，因为平常的蒸鱼、酸甜鱼都吃腻了，他想让大师傅把草鱼肉做成像干炸粿肉一般的菜色，换一下口味。这个小小的要求真的把大师傅给难住了，他左思右想，要把鱼肉做成像粿肉一样，假如单纯依样画葫芦，照着来做，那肯定不好吃；而且鱼肉本身比较软烂，必须在鱼肉中增加某些物质以产生黏附性，将鱼肉固定住。刚好旁边一个小弟在做干炸虾枣，当他看到虾胶时，灵感马上来了，他迅速依照虾枣的改良版做法，把虾胶放在底层，鱼肉切片腌制后叠在上面，然后用猪网油把它们卷起来后蒸熟，最后进行炸制，跟上甜酱，端给那位客人品尝。客人吃了之后，感觉还可以，然后笑着问大厨说，那这个菜叫什么名字啊？师傅挠着头想了想，这时一位身穿袈裟的和尚走过，师傅心想这不跟猪网油的外形很相似吗？于是顺口一出，就叫“袈裟鱼”，那位老板听了大加赞赏，猛夸师傅有才智，确实了不起。一道袈裟鱼就这样传开了，经过几代厨师们的不断改良，里面的原料也有所增添，技法也逐步提升，慢慢地演变成现代的袈裟鱼。

龙穿虎肚

原料

主料　乌耳鳗500克，洗净猪肠400克。

辅料　咸草2条，姜30克，葱30克，香菜头20克，红辣椒20克。

调料　酱油25毫升，胡椒粉5克，白砂糖2克，料酒5毫升，上汤250毫升，食用油适量，甜酱适量。

制作流程

1. 将乌耳鳗宰杀后去除表面黏液洗净，去骨和头尾。
2. 将乌耳鳗用姜、葱、香菜头、红辣椒（少许）、料酒、酱油、胡椒粉腌制15分钟，再整条灌入猪肠内，猪肠两头用咸草扎紧，在表面抹上酱油10毫升，然后下油锅炸至金黄色捞出。
3. 锅中倒入食用油50~100毫升，冒烟时关火，放入胡椒粉搅拌均匀制成胡椒油备用。
4. 将姜、葱、香菜头下锅爆香，投入猪肠，锅里加上汤、酱油5毫升和白砂糖炆20分钟取出备用。
5. 将猪肠下油锅炸至外皮酥脆捞起，改件装盘，淋上胡椒油即成。
6. 上席时跟上甜酱2碟。

感官特点

色泽金黄，香酥鲜滑。

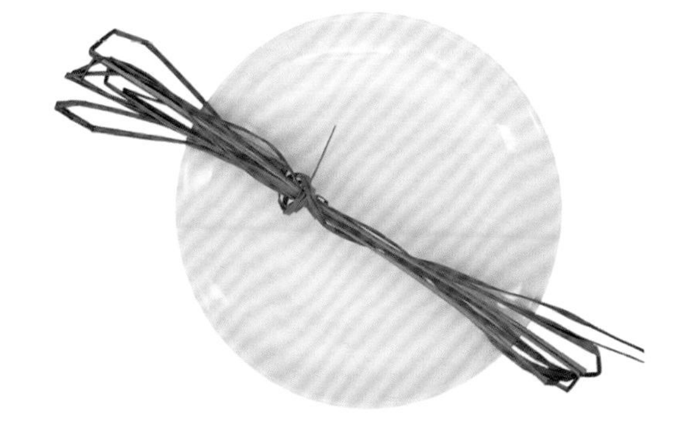

菜品小知识

菜品以猪比喻为虎，以乌耳鳗比喻为龙，将鳗鱼穿到猪肠里，顾名龙穿虎肚，是一道潮州传统名菜。

清金鲤虾

原料

主料　大对虾12只，虾肉500克。

辅料　熟火腿50克，胡萝卜50克，白膘肉20克，青豆12粒，湿香菇5克，香菜5克，龙须菜1克，红辣椒6个，鸡蛋1个。

调料　食用盐12克，味精3克，胡椒粉3克，生粉25克，上汤700毫升。

制作流程

1. 将青豆焯水去膜，掰开两瓣备用；湿香菇切丝备用；红辣椒末端切小圈，其余切丝备用；熟火腿刳上锯齿，切片备用；胡萝卜切成24片菱形备用。
2. 将大对虾去壳留尾，洗净沥干，用刀在虾背中间片开，剔去虾线。用少许食用盐、味精、胡椒粉腌制备用。
3. 将虾肉洗净，用洁净白布吸干水分，用刀背拍打成胶，加入食用盐10克、生粉20克，拍打上劲，把白膘肉切成细丁加入虾胶中，制成百花馅。
4. 将处理好的对虾摆在盘子中，均匀拍上少许生粉，再将百花馅挤成均匀大小12件，分别放在对虾上，利用手指压力整顿形状，捏成头大尾小、线条顺畅不断节的金鱼形，最后均匀地抹上鸡蛋清。
5. 每件金鱼用青豆两瓣，砌成鱼目，熟火腿插在金鱼背部做背鳍，香菇丝、红辣椒丝分别贴在鱼身两侧做造型，胡萝卜片插在鱼身做鱼鳍，红辣椒圈嵌在金鱼前段做鱼嘴。
6. 将浸洗干净的龙须菜，放入碗的中央，将做好的金鲤虾上蒸笼慢火蒸约6分钟至熟，取出摆入盘中。上汤用味精3克、食用盐2克调味后倒入碗中，摆上香菜即成。

制作者：陈楚杰

感官特点

造型美观，清鲜嫩脆。

菜品小知识

潮州菜在选料、制作、火候、调味和营养配置等方面都具有鲜明的地方风味特征，取材广博，特别擅长烹制海鲜。在讲究色、香、味的同时，还着意在造型上追求赏心悦目。清金鲤虾色泽鲜明清红，味道清鲜爽口，且造型美观，形似金鱼。龙须菜犹如金鱼缸中的水草，令其造型更加相似。金鱼象征金玉满堂，“鱼”与“玉”的读音相近，与“余”的读音也相近，民间还有用图画“鱼”来表现年年有余、喜庆有余等以预示生活富裕。中国吉祥图案主要以动植物通过双关、象征、谐音等方式生成，金鱼是吉祥富有的象征。自古以来，人们认为欣赏金鱼，可陶冶情操、有益身心。

干焗蟹塔

原料

主料　虾肉200克，蟹肉125克。

辅料　白膘肉75克，猪瘦肉50克，马蹄肉25克，韭黄20克，鸡蛋1个，蟹壳12个。

调料　味精5克，食用盐5克，胡椒粉2克，生粉20克，食用油适量，橘油适量。

制作流程

1. 将蟹壳洗干净，用开水烫软后，用剪刀剪成直径约3厘米的圆形。将白膘肉、韭黄、马蹄肉分别切成细粒备用。
2. 锅中倒入食用油50~100毫升，冒烟时关火，放入胡椒粉搅拌均匀制成胡椒油备用。
3. 将虾肉打成胶，猪瘦肉剁成蓉，加入蟹肉、白膘肉粒、韭黄、马蹄粒、味精、食用盐、胡椒粉和鸡蛋清搅匀，然后分成均匀大小12件，分别酿在蟹壳上面，整顿成尖塔形，沾上干生粉后摆进盘里，放进蒸笼蒸10分钟后取出。
4. 将蟹塔下油锅炸至金黄色捞起，淋上胡椒油装入彩盘中即成。上席跟上橘油2碟。

感官特点

色泽金黄，酥香鲜嫩。

菜品小知识

此道菜品为潮州传统名菜，“干焗蟹塔”用料上乘，制作精良，成品肉质鲜嫩、外皮酥香，在造型上更似塔亭，与菜名相呼应。

制作者：林钊炜

四状元煲

原料

主料　汫洲大蚝150克，炒沙猪皮100克，腐竹100克，大白菜200克，豆腐100克，猪五花肉50克，干墨鱼50克。

辅料　生蒜仔段50克，芹菜段20克，笋花10克。

调料　味精10克，食用盐10克，胡椒粉2克，上汤200毫升。

制作流程

1. 将大白菜切成段；炒沙猪皮泡发后切成菱形块；猪五花肉切成片；干墨鱼切成条；豆腐切成块。
2. 将大白菜、炒沙猪皮、猪五花肉、大蚝、干墨鱼、豆腐、腐竹放入开水中，焯水捞出，摆放入煲中。
3. 煲中放入烧开的上汤、味精、食用盐、胡椒粉，加入蒜仔段、芹菜段和笋花，慢火煲20分钟至收汁入味即成。

感官特点

鲜香浓郁，原味原汁，嫩滑爽口，色泽明亮。

菜品典故

四状元煲是一道最早经过官方认证的美食佳肴。话说当年韩愈因谏迎佛骨一事被贬潮州。初到潮州，韩愈对潮州当地的民风和饮食不甚习惯，很是想念京城，想念京城大厨所做汤品的味道。韩愈到潮州振兴文教，当地官员和百姓为了留住韩愈，四处寻找美食。有一日官员到汫洲视察，看到汫洲渔民在喝一种杂汤，是渔民为了烹饪简便，故将生蚝、墨鱼、豆干和猪五花肉一起煮了一锅杂汤，尝了一口大叫“好喝”。随后叫汫洲渔民去潮州府专门为韩愈做了一锅汤。韩愈喝着汤正高兴，突然接到京城来信，韩愈一边喝汤一边读信，读到信中当朝四状元向他问候请安时，触想到自己一生遭逢，不禁泪下，问随从说这汤叫什么名字，随从说这是汫洲渔民的杂汤，无名。遂给这道汤取名为四状元汤。人老味蕾也衰，对食物也变得挑剔起来。此时离韩愈离世只有五年的时间，此汤能调动韩愈味觉，可见此汤味美之极。

生乓龙虾

原料

主料　活龙虾1条（约750克）。

辅料　葱50克。

调料　味精5克，川椒末2克，干生粉20克，湿生粉10克，食用盐5克，料酒15毫升，芝麻油5毫升，上汤100毫升，食用油适量。

制作流程

1. 将龙虾清洗干净，切断头尾，取出中段肉（连壳）去除内脏后，将龙虾肉斩成大小均匀的小块，用碟盛起，加入食用盐、味精、料酒拌匀，加入干生粉拌匀备用；龙虾头尾蒸熟，摆好造型。
2. 将葱剁成蓉备用。
3. 起锅下油，将龙虾下锅炸至熟后倒回笊篱沥干油备用。
4. 起锅下少量油将川椒末、葱蓉炒香至呈金黄色，倒入龙虾肉炒匀加入上汤、食用盐、味精、芝麻油略焖片刻，加入湿生粉勾芡出锅装盘即可。

感官特点

味鲜、咸香、外焦里嫩。

菜品小知识

在中国这个以龙为图腾的国度，历史上龙虾却长期被人忽视，甚至自周朝以来的历代“八珍”中，龙虾从未沾过一点儿边，提及龙虾的书籍简直是凤毛麟角：一处是在陈藏器的《本草拾遗》中，里面说大红虾：“生临海、会稽，大者长一尺，须可为簪”；另一处在段公路的《北户录》中说：“红虾出潮州……大者长二尺”。两书皆编著于唐朝，所说的红虾正是龙虾。而在盛产龙虾的潮州，地方志书大都提到了龙虾，多说其“龙头虾身，长须有壳”。其中嘉庆《澄海县志》记载最详，说“海虾长二三尺，须长数尺，也曰龙虾。”足见古时候的潮州人已开始食用龙虾。历史上南澳、靖海等地出产的多为锦绣龙虾。龙虾是潮州菜发展史上重要的组成部分，传统的生乓龙虾更是潮州菜发展史的重要佐证。

干炸金钱虾

主料　虾仁300克，白膘肉250克，笋100克。

辅料　湿冬菇50克，火腿25克，面粉150克，面包粉150克，生粉15克，鸡蛋3个。

调料　味精5克，食用盐5克，胡椒粉1克，食用油适量。

制作流程

1. 将湿冬菇、火腿、笋切成细粒备用。
2. 碗中投入鸡蛋2个，加入生粉5克、清水15毫升搅拌均匀制成蛋浆。
3. 将虾仁去虾线，洗净后吸干水分，用刀背拍打成虾泥备用。
4. 虾泥中加入冬菇粒、火腿粒、笋粒搅拌均匀后加入味精5克、食用盐5克、胡椒粉1克、生粉10克、鸡蛋1个捽打均匀制成馅料。
5. 将白膘肉切成薄片圆形，先取出一片白膘肉摊在案板上，涂上蛋浆，平抹一层虾胶，然后取另一片白膘肉覆盖在上面，形成两片相夹，捏平成为金钱盒状。放入面粉里滚一滚后整顿形状，再涂上蛋浆，撒上面包粉制成金钱虾生坯。
6. 起锅烧油，待油温升至120℃时，将金钱虾生坯放入，炸至金黄色至熟捞出，装盘。

感官特点

色泽金黄，外酥里嫩。

菜品小知识

菜品因形似古钱币故称金钱。金钱也是一个好兆头，俗话说“多钱多功德”，意思是指花的钱多，收到的实惠也就多，有财源滚滚的含义。

红炆海参

主料　泡发海参750克，带骨老鸡肉500克，猪五花肉500克。

辅料　湿香菇50克，虾米25克，笋150克，胡萝卜花30克，生蒜1条，香菜15克，上海青150克。

调料　姜10克，葱15克，食用盐4克，味精5克，料酒10毫升，酱油15毫升，红豉油10毫升，芝麻油5毫升，甘草片3克，上汤500毫升，猪油150克，湿生粉15毫升，香醋50毫升。

制作流程

1. 将海参切成长约6厘米，宽约2厘米的块，与姜、葱、食用盐一同下锅用水煮沸，投入料酒，泡去海参腥味后捞起。
2. 将猪五花肉、老鸡肉各斩成大块备用。
3. 将猪油下锅烧热，放入海参略炒，然后倒入砂锅内（锅中竹篾垫底），将猪五花肉、老鸡肉放入锅中炒香，烹入料酒，加入香菜（扎成一把）、生蒜、酱油、红豉油、甘草片、上汤一同沸腾，然后倒入海参锅内。
4. 海参锅先用旺火烧沸后用文火炆约1小时，再加入香菇、虾米、笋肉、胡萝卜花，海参软烂后去掉猪五花肉、老鸡肉、生蒜、香菜、甘草片。再把海参、香菇、笋肉、胡萝卜花、虾米捞起，盛入汤碗。
5. 原汁倒入锅中，加入食用盐、味精烧至微沸，湿生粉调稀勾芡，加入芝麻油、猪油拌匀，淋在海参上面，将焯水后的上海青摆在海参周围即成。
6. 上席时跟上香醋2碟。

感官特点

此菜烂而不糜，软滑可口，鲜味浓郁，营养丰富，是潮州传统风味。

菜品小知识

海参被称为海鲜之首，具有极高的价值，海参同燕窝、鱼翅齐名，是中国食品八大珍品之首，素有“长寿之神”之美誉，是一种名贵滋补食品和药材。海参作为高档原料被各大菜系广泛应用，名菜甚多。如：辽宁的“灯笼海参”、山东的“葱烧海参”、四川的“家常海参”、山西的“鸡米海参”、广东的“红炆海参”，2002年周锦主编的《满汉全席》217道菜点中，海参出现了12次。

随着科学技术的发展，海参的神秘面纱渐渐被揭开，诸多对人类有益的功效也被人们所了解。如今海参的药用、保健功能，与其相关的美食日益被人们所重视。

南乳白鳝球

原料

主料　白鳝1条（约600克）。

辅料　生粉100克，鸡蛋1个，蒜蓉20克，姜10克，葱15克。

调料　南乳汁15克，味精5克，胡椒粉0.5克，芝麻油10毫升，料酒2.5毫升，食用油适量。

制作流程

1. 将白鳝宰杀后刷去黏液洗净，用洁净白布抹干，用起刀法起出两边鱼肉，将鱼肉用十字刀法剞上花刀待用。
2. 将剞好花刀的鱼肉加入姜、葱、料酒、南乳汁、味精、胡椒粉、芝麻油搅匀后腌制约5分钟，腌制后拌入鸡蛋清抓匀后裹上生粉待用。
3. 将锅烧热，倒入生油，放入蒜蓉慢炒制成蒜头油备用。
4. 将油锅洗净烧热，倒入生油，待油温热至180℃时，放入鳝鱼肉炸至熟透，捞起沥干油后，改刀成5厘米左右的鳝球，将其摆入盘间，淋上蒜头油即成。

感官特点

色泽鲜艳，口感酥香。

竹蔗琵琶虾

主料　甘蔗500克，鲜虾仁300克。

辅料　马蹄50克，白膘肉15克，韭黄15克，冬瓜糖5克，面包糠200克，鸡蛋1个。

调料　味精2克，食用盐1.5克，白砂糖1.5克，胡椒粉1克，生粉2克，食用油适量。

制作流程

1. 将甘蔗去皮洗净，修成8厘米长的长条形备用。
2. 将马蹄、韭黄切小丁粒，挤干水分备用；白膘肉、冬瓜糖切成小丁备用；鲜虾仁取出虾线，用洁净白布吸干水分后拍成虾胶备用。
3. 将改刀好的马蹄、韭黄、白膘肉、冬瓜糖放入打好的虾胶中，依次放入味精、食用盐、胡椒粉、白砂糖、生粉、鸡蛋清后搅拌均匀，搅打至起胶。
4. 把虾胶裹在甘蔗一端，留一端当棒，捏成类似琵琶形状后沾上面包糠。
5. 起锅下油，当锅中油温升至140℃左右下竹蔗琵琶虾坯炸至浮起，呈金黄色即成。

感官特点

造型美观，甜香酥脆。

菜品小知识

这是一道传统潮州老菜。通过甘蔗与虾的特别结合，形成独特的口味与形状，使其口感鲜甜可口，外皮酥脆。这道菜不仅仅只有美味，还有节节高升、人生如甘蔗一样甜蜜等含义。

干炸蟹钳

原料

主料　鲜蟹肉250克，鲜虾肉150克，蟹钳12只。

辅料　白膘肉50克，马蹄肉50克，韭黄20克，鸡蛋清25克。

调料　食用盐5克，味精5克，胡椒粉2克，生粉10克，食用油适量，香醋、喼汁各适量。

制作者：杨东亮

制作流程

1. 将蟹钳洗净放入蒸笼蒸5分钟，蒸熟后拆去外壳备用。
2. 将白膘肉、韭黄、马蹄肉切成细粒备用。
3. 锅中倒入食用油50~100毫升，冒烟时关火，放入胡椒粉搅拌均匀制成胡椒油备用。
4. 将鲜虾肉去虾线拍烂后加入味精、食用盐、胡椒粉、白膘肉、韭黄、马蹄肉、蟹肉和鸡蛋清搅匀，分成均匀大小12件，分别酿在蟹钳上，用手捏成蟹钳状，上蒸笼蒸5分钟。
5. 将蒸好的蟹钳蘸上薄生粉、鸡蛋清，炸至金黄色捞出，淋上胡椒油，盛入餐盘即成。
6. 上席时跟上香醋、喼汁各2碟。

感官特点

色泽淡黄，肉质鲜嫩、酥香，形似蟹钳。

菜品小知识

潮州菜源远流长，享誉海外，选料广泛，善烹海鲜。干炸蟹钳是潮州菜的一道经典高档手工菜品。都说要敢做“第一个吃螃蟹的人”，螃蟹味道鲜美，但吃起来麻烦，本菜品通过选用丰腴的大螃蟹，取蟹钳，通过裹料炸制，成品色泽金黄，口感酥脆嫩滑，食用便利。

黄金菊花鱼

原料

主料　草鱼1条（约1.5千克）。

辅料　生姜20克，葱20克，生粉100克，吉士粉20克。

调料　食用盐10克，白砂糖50克，番茄酱50克，酸辣酱10克，白醋10毫升，料酒适量，食用油适量。

制作流程

1. 将草鱼去头、尾，取鱼脊肉，修整鱼肉使鱼的整块厚度相同。把修整好的鱼肉皮朝下肉朝上，均匀地剞上菊花花刀（直刀顺筋切条但鱼皮不断，五刀一段改成鱼花），放置于冰水中浸泡，使鱼花肉质变紧实。
2. 用洁净白布吸干鱼肉水分，加入食用盐、生姜、葱、料酒腌制15分钟后，滤干水分，均匀裹上吉士粉、生粉，注意每个花瓣都需要上粉均匀，倒过鱼肉抖去多余的粉，使每条鱼丝松开，用牙签将鱼块两端穿起，使其像一朵盛开的菊花备用。
3. 起锅下油，待油温升至120℃左右放入鱼块先炸制成形，再高温复炸捞起控油，取出牙签摆盘。
4. 将锅清洗干净，加入番茄酱、酸辣酱、白砂糖用小火加热，烧开后加入白醋，快速使用生粉水勾芡，加入包尾油，淋在菊花鱼块上即成。

感官特点

造型美观，酸甜酥脆。

菜品小知识

菊花鱼是一道传统名菜，成菜像一朵朵盛开的菊花，造型逼真，色泽鲜艳。吃起来口感外酥里嫩，酸甜可口。粤菜、湘菜、闽菜中皆有此菜。其制作流程并不复杂，将带皮的鱼肉切成菊花形花刀后，拍粉入油锅炸制定形捞出，再复炸成金黄色捞出装盘，锅中调汁浇上即成。但技术上却具有一定的难度，它需要将原料的选择、刀工处理、糊粉处理、火候掌握、油温控制到调味勾芡等技巧融为一体，才能够充分体现厨师的基本功。

明炉烧响螺

主料　活响螺1个（1.5~2千克）。

辅料　熟火腿75克，潮州柑2粒，葱5克，生姜5克，香菜5克。

调料　味精0.5克，川椒末1克，料酒15毫升，酱油10毫升，上汤100毫升，鸡油适量，梅膏酱或芥末酱适量。

制作者：吴前强

制作流程

1. 将活响螺洗净（留原壳），把螺口向下让其流出水。
2. 将姜、葱和香菜切成细粒，加上川椒末、料酒、味精、酱油、鸡油搅匀，调成酱汁，灌入响螺肉里面。
3. 取木炭炉生火，将响螺置于炉子上面用中火焗30分钟左右（在焗时要逐步加上少许上汤，并将响螺身稍微移动，以防烧焦），直至响螺坯脱离，响螺肉收缩，香味挥发时即熟。
4. 将响螺肉取出，切去螺头硬肉，并剔除内脏，然后用平斜刀法迅速片成薄片。
5. 将响螺肉片摆成扇形，响螺尾盛入餐盘中的一边，将潮州柑片和火腿片分别摆上即成。
6. 上席跟上梅膏酱或芥末酱2碟。

感官特点

鲜嫩爽口，味香醇。

菜品小知识

大响螺是潮汕沿海地区特产，采用明炉烧制，肉质香脆爽口。

制作者：邱少波

掌上明珠

主料　虾肉500克，马蹄100克，鸭掌20只。

辅料　白膘肉75克，鸡蛋清50克，青豆24粒，姜15克，葱20克。

调料　味精10克，食用盐7.5克，料酒20毫升，胡椒粉1克，上汤750毫升。

制作流程

1. 将鸭掌洗净后放入锅中，加入姜、葱、料酒、清水煮熟，冷却后脱骨去筋，切去脚爪，修成掌形备用。
2. 将虾肉洗净，用洁净白布扎干，放在砧板上打成虾泥后盛入碗中，加入鸡蛋清、味精、食用盐拌匀，用筷子猛打10分钟制成虾胶备用。
3. 将白膘肉切末、马蹄去皮切末，加入虾胶中拌匀，制成20粒虾丸备用。
4. 将虾丸分别放在已处理好的鸭掌上面，再将去皮青豆镶在虾丸中间，然后装在餐盘里放进蒸笼以旺火猛蒸10分钟，取出装入盅中。
5. 加热上汤，加入味精、食用盐和胡椒粉调味后分装入盅中即成。

感官特点

汤清色美，鲜脆醇香。

鸳鸯膏蟹

主料　膏蟹1只，肉蟹1只，鲜虾肉200克，猪瘦肉100克。

辅料　白膘肉75克，鸡蛋黄40克，青豆50克，湿香菇10克，姜20克，葱5克。

调料　食用盐5克，味精10克，胡椒粉0.5克，猪油50克，浙醋50毫升，川椒油10毫升。

制作流程

1. 将蟹剥开去鳃洗净，蟹脚用刀切出后平打一下，蟹身与8只小脚切成8块（每块连一只小脚），蟹壳切去边缘，蟹黄盛入碗中备用。
2. 将白膘肉、香菇切末；猪瘦肉剁成肉蓉；虾肉绞成虾泥，把上述原料盛入碗中，加入味精、川椒油、食用盐、胡椒粉拌匀备用。
3. 将拌好的肉料分成两半，一半掺入鸡蛋黄、蟹黄；一半掺入青豆泥（将青豆去皮碾泥），分别镶在蟹肉上面，摆进餐盘，布上蟹脚，砌成鸳鸯雌雄一对的形状。
4. 剩余部分肉料，镶在两个蟹壳上面，一个布上蟹黄，一个布上青豆泥，摆在盘两旁。
5. 把姜两片、葱两根也一并放在蟹上面，放进蒸笼以旺火蒸15分钟取出，去掉姜、葱，淋上热猪油上席。
6. 上席时配上两碟由姜米和浙醋混合均匀的碟汁即成。

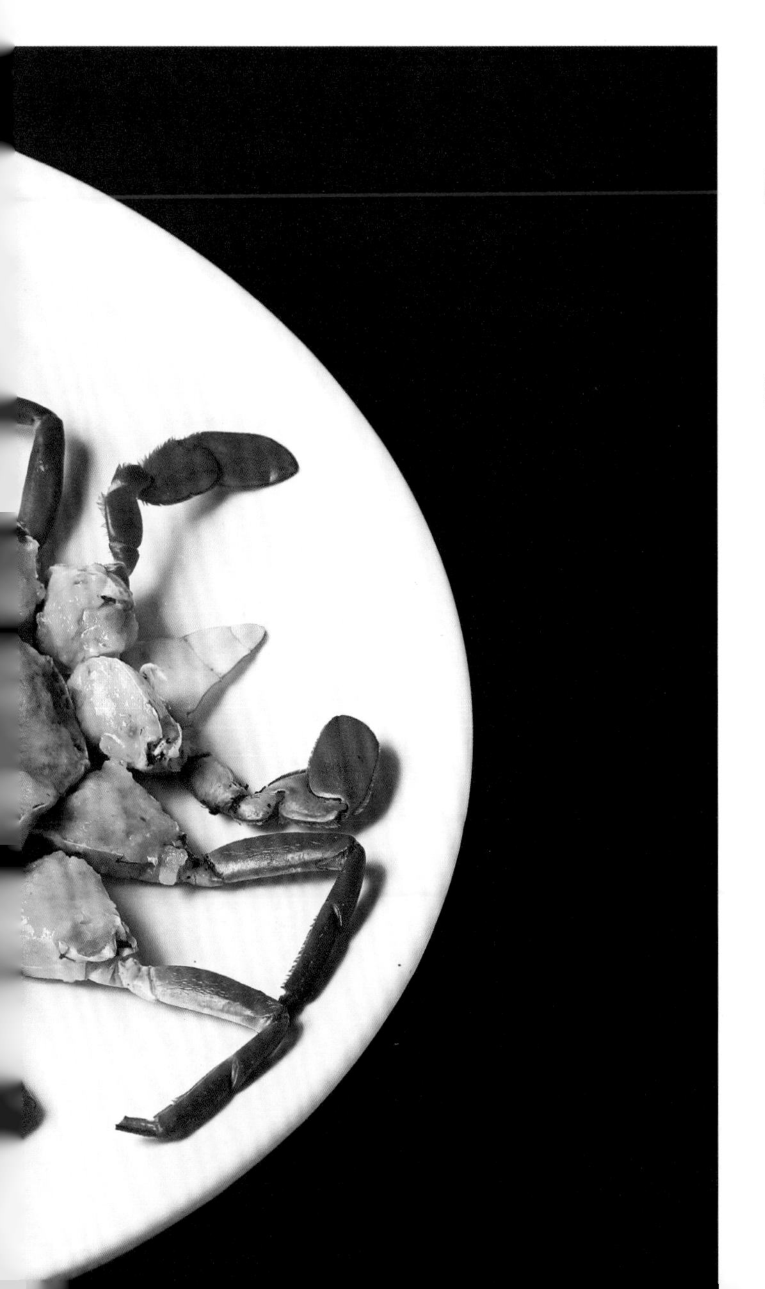

感官特点

味道鲜美可口，造型美观。

菜品小知识

该菜品中雌的呈清红色，雄的呈粉青色，故名“鸳鸯膏蟹”。

生菜龙虾

主料　活龙虾1只（1.5千克），番茄250克，嫩叶生菜200克。

辅料　熟火腿75克，鸡蛋2个。

调料　味精10克，白砂糖10克，食用盐2克，芥末酱25克，甜辣酱25克，梅膏酱10克，白醋10毫升，熟花生油100毫升。

制作流程

1. 将活龙虾洗净，放入沸水中煮至虾头全部红透时捞起，晾干备用。
2. 将嫩叶生菜用冷开水洗净晾干，用刀切成片，摆在餐盘上。
3. 将番茄用开水烫制，剥去外皮后去除番茄的籽，将其切成约2厘米厚的半圆形片备用。
4. 将去壳的龙虾头部和尾部切出摆盘，虾头摆放在盘子的上端，虾尾摆在盘子的下端。
5. 将虾身剖成两半，去掉虾肠、外壳，用刀斜切成上面宽为2毫米，下面厚度约为1.5毫米的薄片备用，将火腿切薄片备用。
6. 将鸡蛋煮熟，去壳，蛋白蛋黄分离，蛋白切片备用，蛋黄待用。
7. 按照龙虾肉片、番茄片、蛋白片、火腿片的顺序摆好，并摆在龙虾头和龙虾尾的中间，注意造型的整齐美观。
8. 将蛋黄放入碗里，用汤匙研碎。将熟花生油分成4～5次加入搅拌，使其混合均匀。在蛋黄与花生油融合后，加入白醋、白砂糖搅拌均匀，最后加入芥末酱、甜辣酱、梅膏酱、食用盐和味精一起搅拌均匀，制成酱料。
9. 上菜时，对酱料的处理有两种形式，一是把配好的酱料淋在龙虾肉上；另一种是把配好的酱料分两碟一并送上。

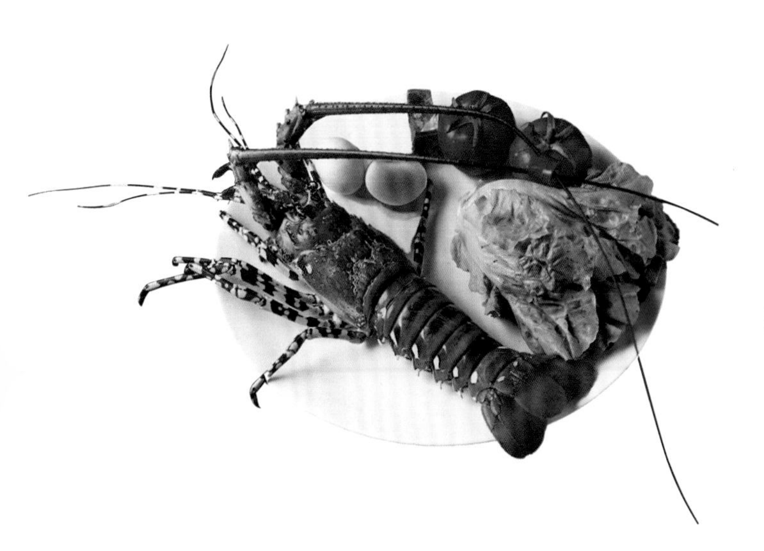

感官特点

造型美观，肉质鲜美可口。

红炆马鞍鳝

原料

主料 大黄鳝1条（约1千克）。

辅料 猪五花肉150克，湿冬菇75克，蒜头50克，葱50克，姜50克，红辣椒1个。

调料 食用盐5克，味精5克，糖色5克，湿生粉50毫升，胡椒粉1克，料酒50毫升，酱油10毫升，芝麻油2毫升，上汤200毫升，猪油100克。

制作流程

1. 将黄鳝宰杀，剖腹除去内脏，斩去头洗净。
2. 将黄鳝去骨剞上十字刀花，切成5厘米长的段备用。
3. 将猪五花肉切厚片，和黄鳝一并放在大碗内，加入味精、酱油、糖色、料酒、湿生粉搅拌均匀备用。
4. 热锅加猪油，将整个蒜头、鳝鱼、猪五花肉分别下油锅炸制捞出。
5. 将冬菇、姜、红辣椒分别切片，葱切段，与蒜头一起放入锅内爆香，加入鳝鱼、猪五花肉，烹入料酒，加入上汤、酱油、味精、胡椒粉、食用盐，小火焖至鳝鱼烂时，开旺火收浓汤汁。
6. 用少许湿生粉打芡推匀，淋入芝麻油，推翻几下，起锅装盘即成。

感官特点

口味鲜香，质感软烂。

制作者：蓝照华

制作者：邹奇

油泡鱿鱼

主料　干鱿鱼250克。

辅料　珍珠花菜50克，湿香菇20克，方鱼15克，白膘肉10克，蒜头50克，芹菜10克，红辣椒10克。

调料　味精5克，胡椒粉2克，芝麻油2毫升，鱼露10毫升，湿生粉20毫升，上汤20毫升，猪油750克（耗75克）。

制作流程

1. 将鱿鱼用冷水浸发（半天），撕去头尾及脊骨外膜，先剞上花刀，再切成三角形，盛在碗里，抹上湿生粉、鱼露。湿香菇、方鱼、白膘肉、蒜头、芹菜、红辣椒分别切末备用。
2. 另取一个碗，放入味精、胡椒粉、芝麻油、鱼露、湿生粉、上汤拌匀成兑碗芡备用。
3. 将蒜头米放入锅中炒至金黄色，再放入白膘肉末、香菇末、方鱼末炒匀，盛入碗备用。
4. 热锅倒入猪油，待油温升至七八成热时，放入鱿鱼，拉油至熟后倒出。
5. 锅留底油，加入鱿鱼、白膘肉末、香菇末、方鱼末、红辣椒末、芹菜末和兑碗芡，快速颠锅翻炒几下，起锅放入盘中；珍珠花菜炸至翠绿后伴边即成。

感官特点

爽脆不腻，香味极佳。

麒麟斑鱼

原料

主料　东星斑1条（1千克）。

辅料　白膘肉50克，湿香菇30克，鸡蛋清30克，火腿25克，鲜笋50克，姜20克，油菜适量。

调料　味精5克，食用盐5克，胡椒粉2克，料酒2毫升，芝麻油2毫升，生粉10克，上汤50毫升，熟猪油10克。

制作者：孙文生

制作流程

1. 将东星斑起肉连皮，把鱼肉片成“双飞片”（两片连在一起），鱼头开两片，鱼尾备用。姜拍碎挤出姜汁备用。
2. 将鱼肉、白膘肉、火腿、香菇、鲜笋各切成薄片，加入鸡蛋清、姜汁、料酒、食用盐、味精、胡椒粉腌制10分钟备用。
3. 将鱼盘的盘底抹上一层薄猪油，然后将火腿、笋片、白膘肉、香菇、鲜笋依次夹在鱼片中间，逐件摆放在盘中。
4. 在盘中摆上鱼头和鱼尾，放进蒸笼用旺火蒸约10分钟，取出，滤出原汁。
5. 将原汁下锅，加入上汤、食用盐、味精，用湿生粉勾芡，淋上芝麻油、猪油即成。
6. 将油菜焯水至断生后摆在两侧即成。

感官特点

鱼肉鲜嫩，味馥清醇。

菜品典故

潮汕人对麒麟有着敬畏和崇拜，麒麟作为祥瑞的象征，有着平安、招财、吉祥的寓意。据说孔子的母亲颜氏怀胎十月，在路过尼山时忽然肚子痛，这时天空一阵轰鸣，一只独角麒麟驮着一个白胖的小娃娃，驾着五彩祥云从天而降，一头撞进颜氏怀里，孔子就诞生了。因此麒麟也被后世称为是能够送子的瑞兽。潮汕人在喜庆筵席中经常会有几道“硬菜”，其中的“麒麟鱼”“麒麟鲍鱼”“麒麟鸡”等都有着“麒麟送子”的好意头。

酿金钱鱼鳔

主料　虾肉200克，干鳗鳔100克。

辅料　猪瘦肉100克，白膘肉25克，方鱼末6克，西蓝花100克，香菇50克，笋花20克，胡萝卜花20克，姜10克，葱15克。

调料　味精6克，食用盐6克，胡椒粉0.2克，芝麻油2毫升，料酒20克，湿生粉10毫升。

制作流程

1. 将干鳗鳔用清水浸泡至涨发，控干水分，再改刀切成长方块备用。白膘肉切细丁。
2. 将改刀好的鳗鳔加入姜、葱、料酒焯水5分钟后捞起洗净，控干水分待用。
3. 将虾肉、猪瘦肉拍打成胶，然后掺入方鱼末、白膘肉、食用盐3克、味精3克搅拌成馅，然后将其酿入鳗鳔中间，再摆入餐盘中，再把笋花、胡萝卜花和香菇各摆放在餐盘一侧，入笼蒸7分钟。
4. 将西蓝花用开水焯水至断生后摆在蒸熟的金钱鱼鳔一侧。
5. 将原汁下味精3克、食用盐3克、胡椒粉0.2克，芝麻油2毫升倒入锅中，用湿生粉勾芡，然后淋在鳗鳔上面即成。

感官特点

肉质嫩滑，浓香入味。

制作者：吴前强

通天脚鱼

主料　甲鱼1只（约750克），猪五花肉150克，上海青150克，芡实100克。

辅料　猪瘦肉50克，竹笋50克，火腿30克，香菇25克，蒜头50克，葱20克，姜15克。

调料　食用盐5克，味精6克，白砂糖15克，生粉30克，料酒20毫升，芝麻油5毫升，老抽5毫升，上汤1升，食用油适量。

制作流程

1. 将甲鱼的脖子按住后用刀在底部划开一道口子，用三根筷子插进甲鱼体内并顺着一个方向转动，将甲鱼的内脏取出，然后在甲鱼的尾部进行挤压，将甲鱼的内脏挤出体外后进行切除，用水从开口处冲洗干净，然后用开水烫至甲鱼脱皮，再将甲鱼背部的黑膜刷洗干净。
2. 将猪瘦肉、香菇切成和芡实一般大小备用；猪五花肉切成大片；火腿切成薄片；竹笋切成笋花后再切成片备用。
3. 将芡实、猪五花肉捞水洗干净备用；对切好的猪瘦肉进行上浆。
4. 净锅，热锅后放入食用油，倒入上浆好的猪瘦肉、香菇爆香，再放入芡实，加入少许上汤、味精3克和食用盐2克，勾芡，然后将炒好的料装入甲鱼里面，用竹针封紧，将老抽和湿生粉均匀涂抹在甲鱼的身体上备用。
5. 下锅放入食用油，待油温升至六成热时，放入甲鱼炸至酱红色捞起。锅中下少许食用油，放入蒜头慢火炸至金黄色，放入姜、葱和甲鱼，加入料酒、上汤、食用盐3克、味精3克和白砂糖15克，再用老抽调色，烧开后倒入垫好竹垫的砂锅，在表面盖上猪五花肉，慢火炖90分钟直到甲鱼的甲和裙边能用筷子轻轻分离，即可出锅装盘。
6. 最后在甲鱼的背上按照1片笋花、1片火腿的顺序摆好，入蒸笼蒸2分钟取出；先将上海青烫好围边，再将取出的甲鱼汤下锅烧开后勾芡，下芝麻油，淋在甲鱼身上即成。

菜品典故

此菜品利用潮州菜特有的盖炖的烹调方法，菜品色泽红亮，鲜、香、爽口。菜品中甲鱼的头直指天上，寓意神通广大，所以取名通天脚鱼。菜品灵感来自小说《西游记》中通天河里的鼋（鳖科，潮州人称甲鱼），讲述了感恩于神明，大显神通，帮助唐僧师徒渡过通天河向西天取经的故事。潮州厨界老艺人因此受到启发，创作了这道通天脚鱼的菜品。

清炖荷包鳗

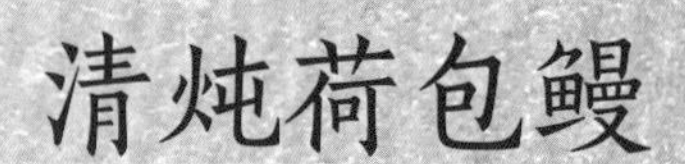

原料

主料　鳗鱼1条（约1千克），排骨400克。

辅料　酸菜4棵，姜100克，芹菜50克。

调料　食用盐4克，胡椒粒2克，高汤500毫升。

制作流程

1. 将酸菜叶洗净，沥干备用；姜去皮，切成菱形备用；芹菜洗净焯水，然后过冷水，撕成丝状；胡椒粒轻拍备用。
2. 将鳗鱼宰杀，去除内脏后洗净，再用虾眼水焯去黏液，然后切成约5厘米长的段备用。排骨切段，焯水漂凉备用。
3. 取出一片酸菜叶，在酸菜叶上面放上鳗鱼段、姜片，将其包成荷包状，用芹菜丝绑紧。
4. 取少许芹菜切粒，将包好的荷包鳗、排骨装入炖盅炖约30分钟取出，加入胡椒粒、高汤、食用盐和芹菜粒调味，最后放入蒸柜炖约30分钟即成。

感官特点

滑嫩鲜甜。

堂煎澳鲍片

主料　鲜活澳鲍1只（约1.6千克）。

辅料　吉士粉100克，白洋葱30克。

调料　味精5克，洋酒10毫升，黄油50克，上汤50毫升。

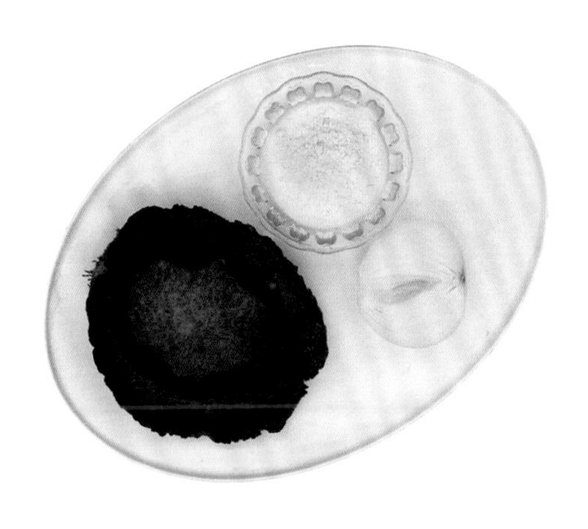

制作流程

1. 将澳鲍去壳洗净，然后片成0.1厘米的薄片，浸冰水后抹上吉士粉水备用；白洋葱洗净，切细末备用。
2. 在炒锅中加入黄油，加入洋葱末爆香，加入澳鲍片双面煎熟，放入上汤、味精、洋酒翻炒后装在鲍鱼壳上即成。

感官特点

色泽金黄，鲜嫩香浓。

制作者：卢银华

果蔬炒明蚝

原料

主料　明蚝肉12颗，芒果200克，西芹100克，鲜百合100克，彩椒150克（黄彩椒、红彩椒、绿彩椒各1个）。

辅料　姜10克，葱10克，胡萝卜花5片。

调料　味精5克，食用盐5克，湿生粉10毫升，白胡椒粉1克，鱼露5毫升，料酒5毫升，芝麻油2毫升，食用油适量。

制作流程

1. 将明蚝肉洗净，加入适量的姜、葱、料酒、食用盐腌制约20分钟备用；将西芹、彩椒、芒果洗净，切成菱形块状备用；鲜百合去头尾，掰开洗净备用。
2. 将腌制好的明蚝肉煎制到呈金黄色后盛出备用。
3. 将芒果放进温水浸泡备用。
4. 将西芹、彩椒、百合焯水捞起，过冷水备用。
5. 取一个小碗加入味精、白胡椒粉、鱼露、芝麻油、湿生粉和20毫升清水调成兑碗芡备用。
6. 将炒锅中放入少量食用油，加入姜爆香，加入明蚝肉、西芹、五彩椒、百合、芒果、胡萝卜花大火炒匀，加入兑碗芡炒匀，装盘即成。

感官特点

色彩亮丽，鲜香爽口。

荷包鲩鱼

原料

主料　鲜活鲩鱼1条（约1.5千克），猪肉碎100克。

辅料　香菇末20克，姜20克，虾米20克，胡萝卜丝20克，方鱼末10克，鸡蛋清30克，蒜头20克，葱10克。

调料　味精2克，食用盐10克，胡椒粉2克，芝麻油2毫升，生粉20克，食用油适量，上汤适量。

制作者：苏和伟

制作流程

1. 将宰杀好的鲩鱼拆成荷包，蒜头切碎，锅中放入热油后，小火放入剁好的蒜蓉，制成蒜头蓉捞出备用。将葱切成葱段，姜切成姜片。
2. 将拆出来的鲩鱼肉剁成鱼蓉，加入猪肉碎、方鱼末、香菇末、蒜头蓉、食用盐5克和鸡蛋清混合成馅料备用。
3. 将馅料放入拆好的荷包鱼内，制成荷包鲩鱼，在鱼的表面放上姜片，放入蒸笼旺火蒸25分钟，取出，滤出原汤备用。
4. 炒锅中加入少量食用油，放入葱段、胡萝卜丝、虾米爆香，加入原汤、上汤、食用盐5克、味精、胡椒粉、芝麻油、湿生粉调成琉璃芡淋在蒸好的荷包鲩鱼上即成。

感官特点

造型美观，鲜香嫩滑。

菜品典故

荷包是中国汉族传统服饰中人们随身佩戴的一种用来装零星物品的小包，后来发展为爱情信物，精巧别致。鲩鱼放入容器中时，会被捆出弧度，犹如弯腰，故又称“弯腰鱼”，因与“鸳鸯鱼”谐音，又名鸳鸯鲩鱼。